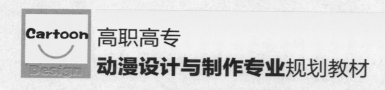

高职高专
动漫设计与制作专业规划教材

3ds Max

动画设计

刘再行　主　编
毕瑞芳　唐崇德　副主编

3dsMax

U0226874

化学工业出版社
·北京·

本书定位为一本用于高职高专院校教学的入门级3ds Max学习用书，内容深入浅出，案例生动且简单易懂。全面讲解了3ds Max从安装到界面，简单建模到复杂建模，再到材质和贴图、灯光渲染、摄像机设置，以及动画制作的相关操作和技巧。

本书可供高职高专院校或同等学历教育设计艺术类专业师生使用，也可供计算机专业人员及动画设计与制作人员自学和参考。

图书在版编目（CIP）数据

3ds Max 动画设计 / 刘再行主编 . —北京：化学工业出版社，2014.1（2019.1 重印）

高职高专动漫设计与制作专业规划教材

ISBN 978-7-122-19225-7

Ⅰ.①3… Ⅱ.①刘… Ⅲ.①三维动画软件－高等职业教育－教材 Ⅳ.① TP391.41

中国版本图书馆 CIP 数据核字（2013）第 291954 号

责任编辑：李彦玲　　　　　　　　　　　文字编辑：丁建华
责任校对：王素芹　　　　　　　　　　　装帧设计：王晓宇

出版发行：化学工业出版社（北京市东城区青年湖南街13号　邮政编码100011）
印　　装：中煤（北京）印务有限公司
787mm×1092mm　1/16　印张11　字数278千字　2019年1月北京第1版第2次印刷

购书咨询：010-64518888　　　　　　　售后服务：010-64518899
网　　址：http://www.cip.com.cn
凡购买本书，如有缺损质量问题，本社销售中心负责调换。

定　　价：48.00元

前言 FOREWORD

3ds Max 10是由Autodesk公司开发的三维设计软件。它功能强大、易学易用，深受国内外建筑工程设计和动画制作人员的喜爱，已经成为这些领域最流行的软件之一。"3ds Max软件技术"是高职高专院校设计艺术类专业关于软件技能的一门核心课程，主要培养学生熟练地掌握常用设计软件的核心职业能力。通过本教材的学习，使学生可以掌握所必须的3ds Max知识与技能，养成良好的职业习惯，为以后的职业发展奠定基础。为了帮助高职院校的教师全面、系统地讲授这门课程，使学生能够熟练地使用3ds Max来进行室内效果图的设计制作，我们几位长期在高职院校从事3ds Max教学的教师和专业三维动画设计公司的资深设计师合作，共同编写了本书。

我们对本书的编写体系做了精心的设计，按照"软件功能解析+课堂案例"这一思路进行编排，力求通过课堂案例演练，使学生迅速熟悉软件功能和三维动画制作思路；通过软件功能解析使学生深入学习软件功能和制作特色。在内容编写方面，本书以现实生活中学生熟悉的例子作为贯穿教程的向导，以典型的现实生活中学生熟悉的例子作为载体组织教学内容，符合当前高职教育的课程建设；在文字叙述方面，注意言简意赅、通俗易懂；在案例选取方面，强调案例的针对性和实用性。

为方便教师教学，本书配备了书中所有案例的素材及效果文件，以及详尽的课堂练习和操作步骤、课后习题等丰富的教学资源。本书的参考学时为100学时，其中实训环节为40学时。

本书由刘再行主编，毕瑞芳、唐崇德副主编，尹鹏参加了部分章节的编写。

因时间和水平有限，本书难免有疏漏之处，望同行专家和读者批评指正。

编　者

2013.12

目录 CONTENTS

目录 CONTENTS

第1章
3ds Max 概述

1.1 概述

3D Studio Max，简称为3ds Max或Max，是Autodesk公司开发的基于PC（个人计算机）系统的三维动画渲染和制作软件（图1-1）。其前身是基于DOS操作系统的3D Studio系列软件，最新版本是2013。在Windows NT出现以前，工业级的CG（计算机图形）制作被SGI图形工作站所垄断。3D Studio Max + Windows NT组合的出现一下子降低了CG制作的门槛，首先开始运用在电脑游戏中的动

图1-1　3ds Max欢迎界面

画制作，后更进一步开始参与影视片的特效制作，例如《X战警Ⅱ》，《最后的武士》等。

1.1.1 软件简介

该软件广泛应用于广告、影视、工业设计、建筑设计、多媒体制作、游戏、辅助教学以及工程可视化等领域。拥有强大功能的3ds Max被广泛地应用于电视及娱乐业中，比如片头动画和视频游戏的制作。深深扎根于玩家心中的劳拉角色形象就是3ds Max的杰作。在影视特效方面也有一定的应用。而在国内发展得相对比较成熟的建筑效果图和建筑动画制作中，3ds Max的使用率更是占据了绝对的优势。根据不同行业的应用特点对3ds Max的掌握程度也有不同的要求，建筑方面的应用相对来说要局限性大一些，它只要求单帧的渲染效果和环境效果，只涉及比较简单的动画；片头动画和视频游戏应用中动画占的比例很大，特别是视频游戏对角色动画的要求要高一些；影视特效方面的应用则把3ds Max的功能发挥到了极致。

3ds Max软件是集造型、渲染和制作动画于一身的三维制作软件。从它出现的那一天起，即受到了全世界无数三维动画制作爱好者的热情赞誉，3ds Max也不负众望，屡屡在国际上

获得大奖。当前，它已逐步成为在个人PC机上最优秀的三维动画制作软件。

1.1.2 软件特点

① 功能强大，扩展性好。建模功能强大，在角色动画方面具备很强的优势，另外丰富的插件也是其一大亮点。

② 操作简单，容易上手。与其强大的功能相比，3ds Max可以说是最容易上手的3D软件。

③ 和其他相关软件配合流畅。

④ 做出来的效果非常逼真。

1.1.3 应用领域

（1）游戏动画

主要客户有EA、Epic、SEGA等，大量应用于游戏的场景、角色建模和游戏动画制作。3ds Max参与了大量的游戏制作，其他的不用多说，大名鼎鼎的《古墓丽影》系列就是3ds Max的杰作。即使是个人爱好者利用3ds Max也能够轻松地制作一些动画角色。对于3ds Max的应用范围，只要充分发挥想象力，就可以将其运用在许多设计领域。

（2）建筑动画

如北京申奥宣传片等。绘制建筑效果图和室内装修是3ds Max系列产品最早的应用之一。先前的版本由于技术不完善，制作完成后，经常需要用位图软件加以处理，而现在的3ds Max直接渲染输出的效果就能够达到实际应用水平，更由于动画技术和后期处理技术的提高，这方面最新的应用是制作大型社区的电视动画广告。

（3）室内设计

利用3ds Max等软件，可以制作3D模型，可用于室内设计，例如沙发模型、客厅模型、餐厅模型、卧室模型、室内设计效果图模型等等。

（4）影视动画

《阿凡达》《诸神之战》《2012》等热门电影都引进了先进的3D技术。前面已经说过3ds Max在这方面的应用。最早3ds Max系列还仅仅只是用于制作精度要求不高的电视广告，现在随着HD（高清晰度电视）的兴起，3ds Max技术被毫不犹豫地引入这一领域，而Discreet公司显然有更高的追求，制作电影级的动画一直是其奋斗目标。现在，好莱坞大片中也常常需要3ds Max参与制作。

（5）在虚拟现实中的运用

创建三维模型，设置场景，设计建筑材质，设置场景动画，设置运动路径，计算动画长度，创建摄像机并调节动画。3ds Max模拟的自然界，可以做到真实、自然。比如用细胞材质和光线追踪制作的水面，整体效果没有生硬、呆板的感觉。

1.2 3ds Max建模、材质、灯光与创作雕塑的关系

假设要创作一件雕塑作品，首先要有雕塑泥，雕塑家根据结构创作出作品雏形，然后用泥塑刀等工具精雕细刻，让作品的层次与细节越来越丰富，此时雕塑作品的造型创作阶段完成，接下来是要为创作出来的雕塑作品表面涂上颜色，创造出富于浪漫情调的色彩组合关系，符合和适应人的心理、生理上的要求及审美情趣的雕塑作品。雕塑作品创作完毕以后当然是要展示给人们观赏的，然而展示雕塑作品当然也要适合的环境，假如要放在室内展馆展

览，由于作品放置的位置可能因光线昏暗或者方向不对而影响了作品展示的最佳效果，那么展出者就需要调整雕塑作品的位置与方向或者在雕塑作品周围设置灯光来烘托出作品展示的效果了。

在 3ds Max 建模型、贴材质、设置灯光等工作其实和上面所举的创作一件雕塑作品在室内展览馆展览是同样的道理：3ds Max 创建的基本几何体就等于雕塑泥与雕塑作品的雏形；运用 3ds Max 的修改工具修改模型就等于用雕塑刀等工具精雕细刻；运用 3ds Max 的材质贴图工具为建立的模型贴纹理、上颜色就等于为创作出来的雕塑作品表面涂上颜色；运用 3ds Max 的灯光工具为模型设置灯光，通过调整灯光方向与灯光参数，让模型展现出最佳的光影效果与烘托出最佳的气氛环境，这就等于调整雕塑作品的位置与方向或者在雕塑作品周围设置灯光来烘托出作品展示的效果。通过这个 3ds Max 建模、材质、灯光与创作雕塑的关系的例子的对比与说明，相信大家会比较容易理解：3ds Max 这个软件其实就像一个现实的创作工具，就是泥塑刀，就是上色工具，就是为展览物体设置灯光的一个工具，并不是一个什么高深莫测的东西，只要不断练习这个工具，熟练掌握，巧妙运用，任何一个人都可以创作出非常棒的 3D 作品。

1.3　3ds Max 的安装

解压下载的压缩包，解压完毕后进入文件夹里找到安装程序"setup.exe"，双击开始安装 3ds Max2010，按照如图 1-2 ～图 1-14 所示步骤完成安装。

setup.exe
Autodesk component
Autodesk, Inc.

图 1-2　安装程序

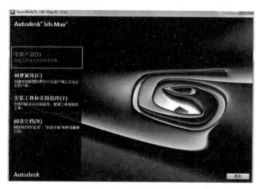

图 1-3　安装界面

图 1-4　选择要安装的产品

图 1-5　接受许可协议

图 1-6　输入产品和用户信息

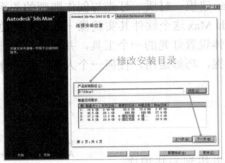

图1-7　查看-配置-安装

图1-8　选择许可类型

图1-9　选择安装位置

图1-10　安装附属服务

图1-11　配置完成

图1-12　点击开始安装

图1-13　"安装中"界面

图1-14　"安装完成"界面

本章小结

本章对3ds Max软件进行了简单介绍，重点讲解了3ds Max2010软件的安装。

第2章
3ds Max的界面与文件操作

2.1 3ds Max 2010中文版的操作界面

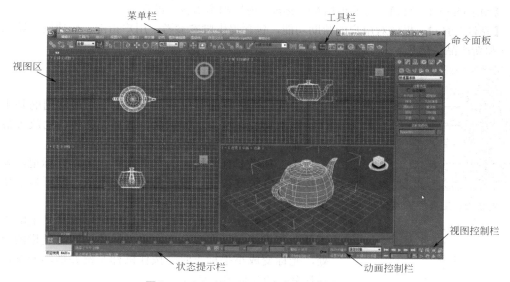

图2-1 3ds Max 2010中文版的操作界面

3ds Max 2010中文版操作界面上的主要功能区分布如图2-1所示，各功能区参考说明如下。

2.1.1 菜单栏

3ds Max 2010中文版的菜单栏位于屏幕顶端，共13个。

【文件】（左上角 Max 图标为文件操作入口，旁边为文件操作快捷按钮）：包含用于管理文件的命令，包括创建、打开、初始化、保存、另存为、导入、导出等常用的操作命令。

【编辑（E）】：包含用于在场景中选择和编辑对象的命令，例如撤销、保存场景、复制和删除等命令。

【工具（T）】：包含许多工具栏命令的常用项，这些工具在工具栏中设置了相应的快捷按钮。

【组（G）】：包含管理组合对象的命令，以及将场景中的对象成组和解组的功能。

【视图（V）】：包含设置和控制视口的命令，通过右击视口标签也可以访问该菜单上的某些命令。

【创建（C）】：包含创建对象的命令，提供了一个创建几何体、灯光、摄影机和辅助对象的方法。该菜单包含各种子菜单。

【修改器】：包含修改对象的命令，提供了快速应用常用修改器的方式。该菜单划分为一些子菜单。此菜单上各个项的可用性取决于当前选择。如果修改器不适用于当前选定的对象，则在该菜单上不可用。

【动画】：包含设置反向运动学求解方案、设置动画约束和动画控制器，给对象的参数之间增加配线参数以及动画预览等命令。

【图表编辑器】：可以使用图形方式编辑对象和动画，以及访问用于管理场景及其层次和动画的图表子窗口。

【渲染（R）】：包含渲染、Video Post、光能传递和环境等命令。

【自定义（U）】：使用自定义用户界面的控制。

【MAXScript（M）】：有编辑 MAXScript（内置脚本语言）的命令。

【帮助（H）】：提供对用户的帮助功能，包含提供脚本参考、用户指南、快捷键、第三方插件和新产品等信息。

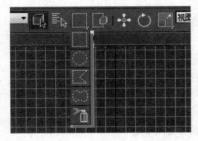

图2-2　工具栏扩展选项

图2-3　工具栏右键上下文菜单

2.1.2　工具栏

工具栏位于界面菜单下，平时工作中最常用的基本操作功能都集成在这里，如重做、选择、旋转、缩放等最基本功能，用图标的方式展现出来，加快操作。

在工具栏上有些按钮的右下角有一个斜杠标记，表示该按钮下有隐藏按钮，按住鼠标左键不放，即可显示新的按钮。如图2-2所示，为工具栏的扩展选项。

当显示器分辨率低于1280×1024时，工具栏上的工具不能全部直接显示在屏幕上，将光标移动到工具栏的空白处，光标变成小手标志时，按住鼠标左键并拖动光标，工具栏会跟随光标滚动显示。

在工具栏空白处右击鼠标，弹出的窗口如图2-3所示，就可以显示出隐藏扩展工具条了，隐藏扩展工具条包括轴约束、层、附加、渲染快捷方式、捕捉等。

注：图2-3中reactor是动力学模拟系统，主要用来模拟自然界中力的相互作用，可以达到非常真实的效果，属于比较高级的功能。

2.1.3　命令面板

　　默认情况下，命令面板位于屏幕的右边。

　　命令面板分为6个部分，依次为：①创建命令面板；②修改命令面板；③层次命令面板；④运动命令面板；⑤显示命令面板；⑥工具命令面板，如图2-4所示。

　　这些面板可以访问3ds Max大多数的建模功能、动画设置以及显示选择和其他工具，各面板通过顶部的选项卡进行切换。

　　【创建命令面板】：包含用于创建对象的控件，如几何体、摄影机、灯光等。

　　【修改命令面板】：包含用于将修改器应用于对象以及编辑可编辑对象（如网格、面片）的控件。

图2-4　命令面板

　　【层次命令面板】：包含用于管理层次、关节和反向运动学中链接的控件。

　　【运动命令面板】：包含动画控制器和轨迹的控件。

　　【显示命令面板】：包含用于隐藏和显示对象的控件，以及其他显示选项。

　　【工具命令面板】：包含其他工具程序，其中大多数是3ds Max的插件。

2.1.4　视图区

　　3ds Max主界面中间最大的区域是视图区，默认情况下视图区为4视图显示，3个正交视图（正交视图上显示的是物体在1个平面上的投影，所以在正交视图中不存在透视关系，这样可以准确地比较物体的比例）和1个透视图（透视图类似现实生活中对物体的观察角度，可以产生远大近小的空间感，便于对立体场景进行观察），如图2-5所示。

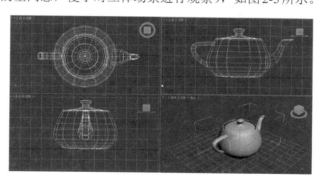

图2-5　视图区

　　透视图位于右下角，其他3个视图的相应位置为：顶视图、前视图、左视图。视窗占据了主窗口的大部分，用户可在视窗中查看和编辑场景及物体。可以显示1～4个视窗，它们可以显示同一个几何体的多个视图以及"轨迹视图""图解视图"和其他信息。

　　每个视图的左上角为视图标题，左下角为世界坐标系，右上角为可直接鼠标拖动切换视角的"视图立方体"。

　　除了默认的4个视图外，还包括其他视角的正交视图、用户视图以及摄像机视图。激活视图后，按下相应的快捷键，就可以实现视图之间的切换。

　　3ds Max默认的视图布局为4个等大的视图上下排列，用户可以根据特殊需要或喜好更改视图布局。打开菜单"自定义"选择"视口配置"选项，可以弹出如图2-6所示的"视口配置"窗口，但屏幕上视图的最大数量不能超过4个。

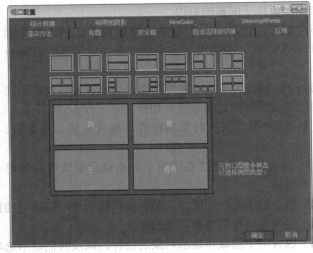

图2-6 视口配置窗口

2.1.5 视图控制区

图2-7 视图控制区

在3ds Max 2010视图区的右下方，是控制视窗显示和导航的按钮组合区域。导航控件会随当前不同的活动视窗而变化，透视视窗、正交视窗（用户视图及顶视图、前视图等）、摄影机视窗和灯光视窗都拥有特定的控件。如图2-7所示为正交视窗激活时的视图控制区控件。

按照从左到右，从上到下的顺序分别为：

【缩放视口】：当在"透视"或"正交"视口中进行拖动时，使用"缩放"可调整视图放大值。默认情况下，使用鼠标指针进行缩放。

【缩放所有视图】：使用"缩放所有视图"选项可以同时调整所有"透视"和"正交"视口中的视图放大值。默认情况下，"缩放所有视图"将放大或缩小视口的中心。

【最大化显示】：将所有可见的对象在活动"透视"或"正交"视口中居中显示。当在单个视口中查看场景的每个对象时，这个控件非常有用。

【所有视图最大化显示】：将所有可见对象在所有视口中居中显示。当用户希望在每个可用视口的场景中看到各个对象时，该控件非常有用。

【穿行】：激活该模式，可通过键盘上的方向键在视图中进行视角的移动。

【平移视图】：可以在与当前视口平面平行的方向移动视图。

【弧形旋转】：使用该按钮可以使视口围绕中心自由旋转。

【最大化视口切换】：使用"最大化视口切换"可在其正常大小和全屏大小之间进行切换。

小贴士 TIPS

视图控制是平时使用最频繁的操作，熟练之后一般不会直接使用视图控制区的按钮，而是通过快捷键来进行操作。常用快捷操作方式如下。

【缩放——鼠标滚轮】：上滚为缩小视图，下滚为放大视图。

【最大化显示——Z】：最大化显示所有选定对象。

【平移视图——鼠标滚轮或Ctrl+P】：进入平移状态后移动鼠标可对视图内容进行平移。

【弧型旋转——Alt+鼠标滚轮】：对视图视角进行弧形旋转。

【最大化视图切换——Alt+W】：把当前激活的窗口进行最大化显示或还原显示切换。

【指定点居中平移——I】：任何情况下点击I快捷键，可使鼠标指针所在点移动到视图中心位置。

【孤立模式切换——Alt+Q】：把选定的对象最大化，并且不显示其他对象。

2.1.6 动画控制区

动画控制区位于视图控制区的左侧，主要用于进行动画的记录、动画帧的选择、动画的播放以及动画时间的控制。由以下三部分组成。

【时间滑块及轨迹栏】：如果已经完成了动画的设计，那么就可以快速地在每个视图中通过时间滑块看到在不同的时间点上动画的效果以及轨迹，也可以通过视图上的时间刻度查看详细的节点以及关键帧细节。如图2-8所示。

图2-8 时间滑块及轨迹栏

【动画关键点控制区】：通过这个动画关键点控制区可以快速地对物体的位移、形态等各种预置的环节进行关键动画帧的设置记录，可以通过自动和互动的模式进行动画记录。如图2-9所示。

图2-9 动画关键点控制区

【动画播放控制区】：这个区域用来进行动画的记录、动画帧选择、动画时间、播放的功能，记录关键帧之后，通过这个区域的播放以及前后倒退的功能按钮可以在视图内快速播放之前记录的动画。如图2-10所示。

图2-10 动画播放控制区

2.1.7 状态提示栏

状态提示栏位于视图区的左下部，显示了所选对象的数目、对象的锁定、当前鼠标的位置、当前控件操作状态等。如图2-11所示。

图2-11 状态提示栏

2.2 3ds Max的文件操作

在3ds Max的一般操作中，为了便于维护管理，会把每个模型都分别放在不同文件中，在需要组合时才导入到一起，或者分别渲染之后再用其他后期制作软件合成到一起。

2.2.1 文件的新建与打开

图 2-12　新建与打开

【新建】：
方法一：执行"新建"命令，打开"新建场景对话框"。
方法二：在打开的场景基础上执行"重置"命令。
【打开】：
方法一：执行"文件/打开"命令。
方法二：直接在 windows 文件夹内双击打开文件。
新建、重置、打开的菜单位置如图 2-12 所示。

2.2.2 文件的保存

【保存对象】：执行"保存""另存为"或"保存副本为"命令。
【保存选定对象】：选择要保留的对象，执行"保存选定对象"命令。
【归档】：执行"归档"命令，把当前文件所有相关资源压缩到一个文件内。
相关命令的位置如图 2-13 所示。

2.2.3 文件的导入与导出

【导入】：执行"导入"命令，打开文件选择对话框，选中 Max 文件，把其中的模型导入到当前场景。
【合并】：执行"合并"命令，打开文件合并对话框，选择合并对象的文件，单击"打开"按钮，打开"合并对象"对话框，在其中选择合并的对象元件，单击确定按钮。
【替换】：选中场景内的一个对象，执行"替换"命令，打开文件选择对话框，选中 Max 文件，把其中的模型导入到当前场景并替换选中的对象。
【导出/导出指定对象】：执行"导出"命令，把整个场景或者选中的一个对象导出到一个新的 Max 文件内。
相关命令的位置如图 2-14 所示。

图 2-13　保存

图 2-14　导入与导出

2.2.4 文件的暂存与取回

在3ds Max中，某些操作是不能进行撤销操作的，如"布尔运算"等，对于这样的问题，3ds Max提供了暂存功能。

【暂存/取回】：执行"暂存"命令，会把当前场景状态存入到暂存文件内；需要退回暂存前的状态时，执行"取回"命令，会把上次存入到暂存文件的场景重新加载出来。

暂存与取回的菜单位置如图2-15所示。

图2-15 暂存与取回

2.2.5 关于文件的备份设置

点击菜单"自定义（U）"—"首选项"—"文件"分页，可以看到与文件相关的设置选项。这里主要关注"自动备份"的部分，默认状态下"自动备份"处于开启状态。

【Autobak文件数】：定义了循环保存文件的个数，个数越大，记录的历史越多，占用的硬盘空间也越多。

【备份间隔】：定义了每隔多少分钟会进行一次自动备份，由于自动备份的时候会占用一定的系统资源，因此可以把这个时间设长一点，例如30分钟。

备份文件会默认存放在"用户\Documents\3ds Max\autoback"目录下，按照如图2-16的设置，会在该目录下产生AutoBackup01.max，AutoBackup02.max，AutoBackup03.max这三个文件，并且每隔5分钟循环更新。

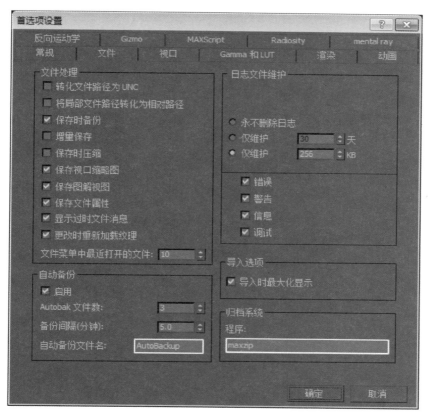

图2-16 文件相关设置

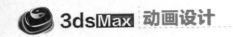

2.2.6　3ds Max 中使用的主要文件

【动画文件】：动画文件的扩展名为.max。在 3ds Max 文件夹下的 Scenes 文件夹中，系统提供了一些动画示例。

【贴图文件】：为了方便用户对物体进行贴图包装，系统提供了众多图片素材，所有这些图片都放在 Maps 文件夹中。3ds Max 支持众多图片格式，如 Gif，Tga，Bmp 等。

【材质库文件】：材质库文件的扩展名为.mat，位于 matlibs 文件夹中。默认情况下，用户使用的材质库文件为 3ds Max.mat。此外，利用材质编辑器，还可通过在材质编辑器中单击 Put to Library 按钮，将制作的材质保存到材质库中。利用材质贴图浏览器，用户还可将某些动画文件中使用的材质保存到材质库中。

本章小结

　　本章主要讲述了 3ds Max 2010 的操作界面和相关文件操作，熟悉本章内容将为本书后面章节学习打好基础。

第3章
3ds Max的基本模型和操作

3.1　3ds Max 的一般工作流程

运用3ds Max 制作动画的主要工作流程为：建模——赋予材质——布置灯光——建立场景动画——制作环境特效——渲染出图。其含义介绍如下。

【建模】：通过创建标准对象，例如3D几何体和2D图形，然后将修改器应用于这些对象，可以在场景中建立对象模型。

【赋予材质】：使用"材质编辑器"来设计材质和贴图，把材质赋予模型后，可以使模型更加真实。曲面特性可以表示静态材质，也可以表示动画材质。

【布置灯光】：布置灯光可依照明场景，并能投射阴影、投影图像。摄像机可以像在真实世界中一样控制镜头长度、视野，精确实现摄像机的功能，达到真实的效果。

【建立场景动画】：单击"自动关键点"按钮来启用自动创建动画，拖动时间滑块，并在场景中做出更改来创建动画效果。

【制作环境特效】：特效中的效果作为环境效果提供，特效则为场景加入雾、火焰、模糊等特殊效果。

【渲染出图】：渲染将颜色、阴影、照明效果等加入到几何体中。使用渲染功能可以定义环境并从场景中生成最终的输出结果。

由此可见，建模是所有工作的开端，是最基础的环节，初学者首先需要掌握的就是建模的技巧，而在真正开始学习建模之前，需要先掌握3ds Max2010的一些基本操作，以便在以后的建模过程中能对模型进行熟练的操作。

3.2　3ds Max 的对象操作

3.2.1　选择对象

【直接选择 】：点击"直接选择"图标或按快捷键"Q"，会进入选择物体状态，然后单击要选择的物体即可选中。使用选择功能时有如下常用操作：

① 使用"Ctrl"键配合点击可增加或减少选择对象；

② 使用"Alt"键配合点击可以减少选择对象；

③ 使用"Ctrl+A"可以选择场景中全部的物体或使用"编辑"菜单；

④ 使用"Ctrl+D"可以取消选择物体；

⑤ 使用"Ctrl+I"可以选择当前选中物体以外的物体，即"反选"；

⑥ 使用"空格键"可以对选择区域进行锁定，使选择状态不能修改，在视图区下方的"选择锁定"图标（🔒）会处于锁定状态。

【区域选择■/⬚/⬚/⬚/⬚】：在3ds Max2010中有五种选择范围类型：矩形、圆形、套索、描绘和喷涂，它们分别影响选择框的形状。

【选择模式⬚/⬚】：在3ds Max2010中还有交叉模式和窗口模式两种选择模式。交叉模式就是"沾边即选"；窗口模式为需要选择区域完全包裹对象才会选中。

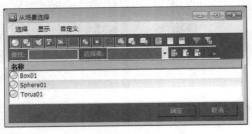

图3-1　按名称选择

【按名称选择🔲】：物体建立时都有一个固定的名字，点击按名称选择对象工具后可以根据列表中出现的名字选择需要的物体（图3-1）。点击"按名称选择"按钮，可打开选择对象对话框。可以使用Ctrl、Shift键，以类似Windows选择文件方式选择所需物体。

3.2.2　移动物体

【选择并移动✛】：点击"移动"图标或按快捷键"W"，会进入移动物体状态，然后单击一个物体即可对这个物体进行移动。选中一个物体后，物体上会出现一个坐标系，可直接在x、y、z上或者在组合平面上拖动实施对应的移动。黄色状态表示当前激活的移动轴向或移动平面，如图3-2所示。

另外，右键单击该图标时会弹出可输入精确移动数值的设置对话框。可在该对话框的坐标输入框里直接输入移动的绝对值或者偏移值。如图3-3所示。

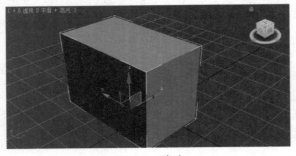

图3-2　移动

图3-3　精确移动输入对话框

【复制物体】：选择需要复制的物体，单击工具栏上的移动按钮，按住Shift键，拖动鼠标，即可复制物体。复制的物体移动到一定位置之后放开鼠标，即会弹出"克隆"选项对话框，输入副本数，单击确定完成复制。如图3-4所示。

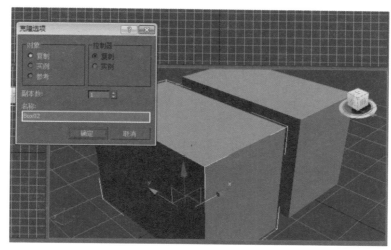

图3-4　复制物体

3.2.3　旋转物体

【选择并旋转 ◎】：点击"选择"图标或按快捷键"E"，会进入旋转物体状态，然后单击一个物体即可对这个物体进行旋转。选中一个物体后，物体上会出现4个轨迹圆和1个旋转平面，可直接在这4个轨迹圆或者旋转平面上拖动实施对应的旋转；彩色轨迹圆分别代表3个旋转轴向，旋转平面表示可任意方向旋转，最外围的轨迹圆表示在垂直于当前视向方向的平面上旋转。黄色状态表示当前激活的旋转轴向或选择平面，如图3-5所示。

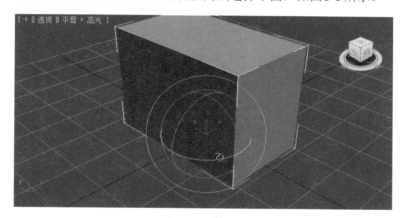

图3-5　旋转

与移动问题按钮一样，右键单击"旋转"按钮时会弹出精确的旋转的对话框。

【改变旋转中心】：在3ds Max 2010里有三种旋转中心可以选择。

① 使用轴点中心 。

② 使用选择中心 。

③ 使用变换坐标中心（坐标轴原点） 。

3.2.4　缩放物体

【选择并缩放█】：点击"缩放"图标或按快捷键"R"，会进入缩放物体状态，然后单击一个物体即可对这个物体进行缩放。选中一个物体后，物体上会出现一个带有斜线的坐标系，可直接在轴向、轴平面或原点三角上拖动实施对应的缩放。黄色状态表示当前激活的轴向或平面，如图3-6所示。

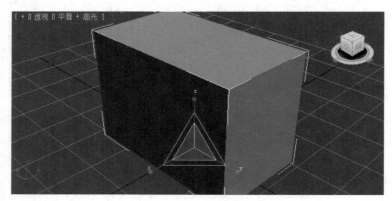

图3-6　缩放

【缩放模式】（缩放操作包括的3个模式）：选择并均匀缩放█，选择并非均匀缩放█，挤压█。

3.2.5　网格与捕捉

默认的网格单位是10，即如果当前3ds Max的长度单位是厘米，那么每一单位网格的尺寸就是10cm×10cm。

【二维捕捉开关█】：只捕捉激活网格平面上满足条件的点，z轴或竖直方向上的点被忽略。

【三维捕捉开关█】：只捕捉激活网格空间满足条件的点，包括z轴或竖直方向上的点。

【二点五维捕捉开关█】：捕捉当前构造面上的点及对象在此面上的投影点。

【角度捕捉█】：可在旋转工具使用时，对旋转的幅度进行限定，例如，旋转时按每隔45°来旋转。参数可以在右键点击该按钮时的弹出框内设定。

【百分比捕捉█】：在仅开启该捕捉开关的时候，可对变化的幅度做百分比限制。参数可以在右键点击该按钮时的弹出框内设定。

【微调器捕捉█】：在仅开启该捕捉开关的时候，可对变化的幅度做固定值限制。参数可以在右键点击该按钮时的弹出框内设定。

图3-7　对齐对话框

3.2.6　物体对齐

【对齐█】：选中一个对象后，再点击对齐工具，然后再点击需要对齐的目标对象，然后会弹出对齐对话框，对对话框内各参数进行设置，点击"确定"按钮完成对齐操作。如图3-7所示。

① 对齐位置（世界）设置区中的X、Y和Z复选框，可确定对齐方向（按世界坐标的轴进行对齐）。

②"最小"表示将源物体对齐轴（由上方各复选框设置哪些轴

作为对齐轴）负方向的边框与目标物体中选定成分对齐。

③"中心"表示将源物体按几何中心与目标物体中选定成分对齐。

④"轴心"表示将源物体按轴点与目标物体中选定成分对齐。

⑤"最大"表示将源物体对齐轴正方向的边框与目标物体中选定成分对齐。

3.2.7　选择集

【创建选择集[创建选择集 ▼]】：在场景中选择多个物体，然后在"创建选择集"处输入名称后回车。选择集建立之后，可以直接在下拉框一次选择所定义好的对象。

【编辑选择集[icon]】：点击"编辑选择集"按钮，并在弹出的选择集对话框内进行如下操作——建立新选择集；删除选择集或物体；向选择集中增加物体；从选择集中减少物体；选择选择集；按列表选择对象；高亮显示选择对象。

3.2.8　对象的组合

【成组】：选择多个物体后，点击菜"组—成组"，对组起名后可以对整体进行操作，可以起中文名。

【打开组】：使用"组—打开"命令可以将组暂时解开。此时，可以用"组—分离"命令将其中一个物体分离出来。此时，可以用"组—附加"命令将某个物体添加进去。

【炸开】：使用"组—炸开"可把成组解除。

注：成组还可以进行嵌套，即一个组中可包含另外的组。

3.2.9　对象的链接

【链接】：点击"链接"（[icon]）按钮，使鼠标进入链接状态，左键点击一个物体A不松开，拖动到另一个物体B，可把A物体跟B物体链接起来，并且指定B物体为父级。这时候，移动、旋转以及放大B物体都能够直接带动A物体，就像A物体是B物体的一部分那样。

【断开链接】：选择已经链接两个物体，点击"断开链接"（[icon]）按钮，可解除这两个物体的链接关系。

【绑定到空间扭曲】：用于实现物体与特效虚拟物体的链接，例如爆炸效果等，属于比较高级的功能，在此不详述。

3.2.10　参考坐标系与物体的轴点

参考坐标系决定了用户执行移动、旋转、缩放等操作时所使用的X、Y与Z轴方向及坐标系原点。3ds Max 2010中可使用的坐标系如下（图3-8）。

【屏幕坐标系】：此时将使用活动视角屏幕作为坐标系。在活动视口中，X轴将永远在视图的水平方向并且正向向右，Y轴将永远在视图的垂直方向并且正向向上，Z轴将永远垂直于屏幕并且正向指向用户。

【世界坐标系】：又称世界空间。位于各视角左下角的图标，显示了世界坐标系的方向，其坐标原点位于视口中心。该坐标系永远不会变化。

【视图坐标系】：它混合了世界坐标系与屏幕坐标系。其中，在正交视图（如前视图、俯视图、左视图、右视图等）中使用屏幕坐标系，而在透视等非正交视图中使用世界坐标系。

【父对象】：使用方法类似拾取坐标系，但要求物体有父物体。

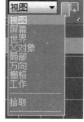

图3-8　坐标系

【局部坐标系】：表示使用所选物体本身的坐标系，又称物体空间。

【拾取坐标系】：选择该项后，单击图中任意物体可将该物体的坐标系设置为当前坐标系，且物体名称被添加进坐标系下拉列表中。

【万向】：配合EulerXYZ选择控制器使用。

【栅格】：系统自己定义的网格。

3.3 创建标准基本体

3ds Max 2010启动之后，在操作界面的右方的控制面板区上点击"创建"（ ▨ ）分页，默认面板即为标准基本体（基本几何体）创建命令面板，在该面板中包括了10个按钮，每一个按钮都代表一种标准模型，下面对各种模型的创建分别进行介绍。

3.3.1 创建长方体

单击 长方体 按钮，在顶视图中按住鼠标左键并移动，可以看到在顶视图中有一个白线框，松开鼠标左键并移动鼠标来确定长方体的高度，然后单击鼠标左键，这时，在透视图中可以看到一个长方体。如图3-9所示，依照上面的方法可以继续创建长方体，如果要结束长方体的创建，单击鼠标右键即可。长方体的各选项说明如下。

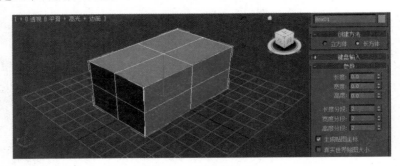

图3-9 创建长方体

【立方体】：直接创建正方体模型。

【长方体】：确定长、宽、高，创建长方体模型。

【长度、宽度、高度】：分别确定3边的长度。

【长度分段、宽度分段、高度分段】：分别用来控制长度、宽度、高度上的分段划分数，以便于对后续的变形操作。

【生成贴图坐标】：自动生成贴图坐标（其他模型的相同属性雷同，不再赘述）。

【真实世界贴图大小】：真实世界贴图是一个默认情况下在 3ds Max 中禁用的替代贴图范例。真实世界贴图的想法是简化应用于场景中几何体的纹理贴图材质的正确缩放。该功能可以创建材质并在"材质编辑器"中指定 2D 纹理贴图的实际宽度和高度。将该材质指定给场景中的对象时，场景中出现具有正确缩放的纹理贴图（其他模型的相同属性雷同，不再赘述）。

小贴士 TIPS

在调节参数时，可用鼠标左键按住参数输入框右边的箭头不放，然后移动鼠标来进行调节。使用这种方法可以快速把对应参数调节到理想的数值。

3.3.2 创建球体

单击 球体 按钮，在视图中按住鼠标左键并移动，然后松开鼠标，即可创建一个球体，如图3-10所示。球体各选项含义说明如下：

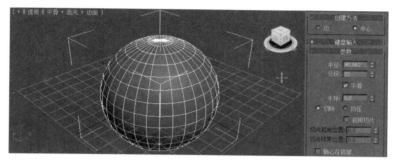

图3-10 创建球体

【边】：以边界方式创建出球体模型。

【中心】：以中心放射方式创建出球体模型。

【半径】：控制球体的半径大小。

【分段】：设置球体表面划分的分段数，该值越大，表面越光滑，整个造型也越复杂。

【平滑】：对球体表面进行自动平滑处理。

【半球】：它的调节范围在0～1之间，当值为0时表示创建完整的球体，当值为0.5时表示创建半球，当值为1时，不创建任何几何体。

【切除/挤压】：在进行半球系数调整时发挥作用。

【启用切片】：用于控制是否启用切片设置，打开后可以在设置中调节切片的大小。

【切片起始/结束位置】：控制沿球体Z轴切片的度数。

【轴心在底部】：将球体的轴心设置在它的底部。

3.3.3 创建圆柱体

单击 圆柱体 按钮，在视图中按住鼠标左键并移动，确定圆柱体的底面，松开鼠标左键并移动鼠标，确定圆柱体的高，然后单击鼠标左键，即可完成圆柱体的创建，如图3-11所示，圆柱体的各选项含义说明如下。

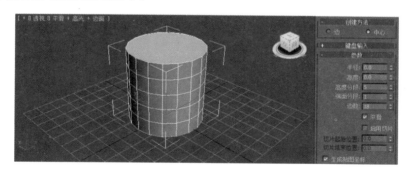

图3-11 创建圆柱体

【边】：以边界方式创建圆柱体模型。

【中心】：以中心放射方式创建圆柱体模型。

【半径】：控制圆柱体底面和顶面的半径大小。

【高度】：控制圆柱体的高度。

【高度分段】：用于设置圆柱体在高度上的分段数。

【端面分段】：用于设置圆柱体在两个端面上沿半径的分段数。

【边数】：用于设置圆柱体在圆周上的分段数，值越大，圆柱体表面越光滑。

【平滑】：用于控制是否启用平滑渲染。

【启用切片】：用于控制是否启用切片设置，打开后可以在设置中调节切片的大小。

【切片起始/结束位置】：控制沿圆柱体的轴切片的度数。

3.3.4　创建圆环

单击 圆环 按钮，在视图中按住鼠标左键并移动至适当位置松开鼠标，确定圆环的第一个半径，然后移动鼠标至适当位置并单击鼠标左键，确定圆环的第二个半径，如图3-12所示。圆环的各选项含义说明如下。

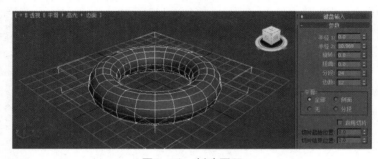

图3-12　创建圆环

【半径1】：用来控制圆环中心与截面正多边形中心的距离。

【半径2】：用来控制截面正多边形的内径。

【旋转】：设置每一片段截面沿圆环轴旋转的角度。

【扭曲】：设置每个截面扭曲的度数，产生扭曲表面。

【分段】：用来控制圆周上的分段数，值越大，圆环越光滑。

【边数】：用来控制截面圆的边数，值越大，圆环截面越接近圆。

【平滑-全部】：对圆环的整个表面进行光滑处理。

【平滑-侧面】：对圆环的侧面进行光滑处理。

【平滑-无】：不对圆环进行光滑处理。

【平滑-分段】：对圆环的每个独立分段进行光滑处理。

【启用切片】：用来控制是否启用切片设置，打开后可以在设置中调节切片的大小。

【切片起始/结束位置】：控制沿圆环的轴切片的度数。

3.3.5　创建茶壶

单击 茶壶 按钮，在视图中按住鼠标左键并移动到适当位置松开，即可完成茶壶的创建，如图3-13所示。茶壶的各选项含义说明如下。

【半径】：用来控制茶壶的半径大小。

【分段】：用来控制茶壶表面的划分精度，值越大，茶壶表面就越细腻。

【茶壶部件】：用来控制茶壶各部件的取舍。

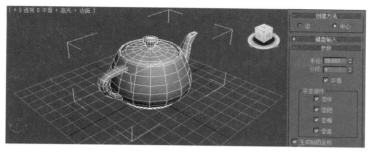

图3-13　创建茶壶

3.3.6　创建圆锥体

单击 圆锥体 按钮，在视图中按住鼠标左键并移动到适当位置松开，确定圆锥体的底面，移动鼠标到适当位置并单击鼠标左键，确定圆锥体的高度，然后移动鼠标到适当位置并单击左键，确定顶面的半径，即可创建一个圆锥体（或圆台体），如图3-14所示。圆锥体的各选项含义说明如下。

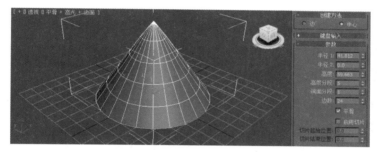

图3-14　创建圆锥体

【半径1】：用来控制圆锥体底面半径的大小。

【半径2】：用来控制圆锥体顶面半径的大小。

【高度】：用来控制圆锥体的高度。

【高度分段】：用来控制圆锥体高度上的分段数。

【端面分段】：用来控制两个端面沿半径辐射的分段数。

【边数】：用来控制端面圆周上的分段数，值越大，圆锥体越光滑。

【启用切片】：用来控制是否启用切片设置，打开后可以在设置中调节切片的大小。

【切片起始/结束位置】：控制沿圆锥的轴切片的度数。

3.3.7　创建几何球体

单击 几何球体 按钮，在视图中按住鼠标左键并移动鼠标，然后松开鼠标左键，即可创建一个几何球体，如图3-15所示，几何球体的各选项含义说明如下。

【半径】：用来控制几何球体的半径大小。

【分段】：用来控制几何球体表面的复杂度，值越大，三角面越多，几何球体的表面也越光滑。

【基本类型】：用来控制由哪种规则的多面体组合成几何球体。

【平滑】：对几何球体进行自动平滑处理。

【半球】：创建半球。

【轴心在底部】：将几何球体的轴心设置在它的底部。

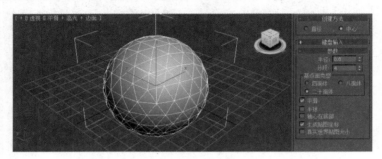

图 3-15　创建几何球体

3.3.8　创建管状体

单击 管状体 按钮，在视图中按住鼠标左键并移动到适当位置松开，确定管状体半径1，接着移动鼠标到适当位置并单击左键，确定管状体半径2，然后移动并单击鼠标左键，确定管状体的高度，即可创建一个管状体，如图3-16所示。管状体的各选项含义说明如下。

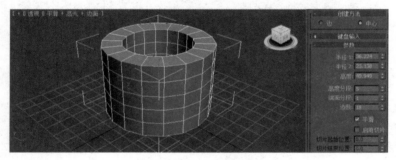

图 3-16　创建管状体

【半径1】：用来控制管状体底面圆环的外径。

【半径2】：用来控制管状体底面圆环的内径。

【高度】：用来控制管状体的高度。

【高度分段】：用来控制管状体高度上的分段数。

【端面分段】：用来控制管状体上下底面沿半径辐射的分段数。

【边数】：用来控制管状体圆周上的分段数，值越大，管状体越光滑。

【启用切片】：用来控制是否启用切片设置，打开后可以在设置中调节切片的大小。

【切片起始/结束位置】：控制沿管状体的轴切片的度数。

3.3.9　创建四棱锥

单击 四棱锥 按钮，在视图中按住鼠标左键并移动到适当位置松开，接着移动鼠标到适当位置并单击鼠标左键，即可完成四棱锥的创建，如图3-17所示。四棱锥的各选项含义说明如下。

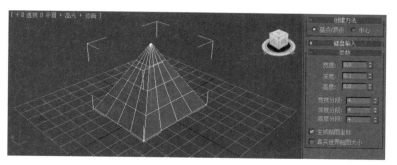

图3-17　创建四棱锥

【宽度】：确定四棱锥底面矩形的宽度。

【深度】：确定四棱锥底面矩形的长度。

【高度】：确定四棱锥的高度。

【宽度分段/深度分段/高度分段】：用来确定3个轴向上的分段数。

3.3.10　创建平面

单击　**平面**　按钮，在视图中按住鼠标左键并移动到适当位置松开鼠标，即可完成平面的创建，如图3-18所示。平面的各选项含义说明如下。

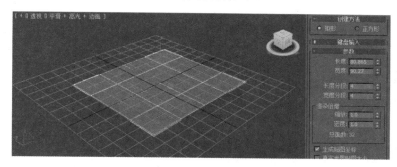

图3-18　创建平面

【长度】：用来控制平面的长度。

【宽度】：用来控制平面的宽度。

【长度分段】：用来控制平面在长度上的分段数。

【宽度分段】：用来控制平面在宽度上的分段数。

【渲染倍增】：用来设置渲染效果的缩放值。

【缩放】：用来设置渲染时的缩放倍数。

【密度】：用来设置渲染时的精细程度的倍数，值越大，平面就越精细。

3.4　基本模型与操作综合实训：制作简约床头柜

（1）点击窗口左上角文件管理菜单内的"新建"菜单，创建空白工作场景。

（2）在右边的命令面板内，切换到【创建】—【几何体】—【标准基本体】面板，点击【长方体】按钮，在场景中创建一个长方体，如图3-19所示。如果松开鼠标之后，对长方体的尺

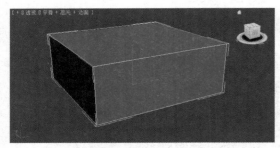

图3-19 创建长方体

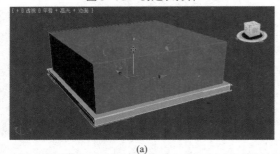

(a)

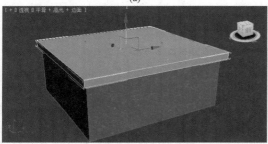

(b)

图3-20 移动柜面

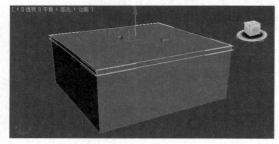

图3-21 修改柜面

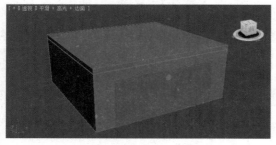

图3-22 制作抽屉

寸不满意可在右边的"参数"卷栏内进行微调，并对其坐标进行归0处理。右键点击【选择并移动】（⊹）按钮，在弹出的"移动变换输入对话框"内把"绝对世界坐标"的X、Y、Z方向都设为0。

（3）继续使用【长方体】工具在之前的长方体上方创建一个扁一点的长方体作为柜面。直接用鼠标创建的长方体位置不对，可以使用【移动】工具进行调节，如图3-20（a）所示，按"W"快捷键把鼠标切换到移动状态，用鼠标左键点击Z轴进行拖拉，可使物体只在Z轴方向移动（Z轴变为黄色表示生效状态）。移动到位之后如图3-20（b）所示（移动时可同时参考前视图或左视图看是否移动到位）。

（4）保持柜面在右边的命令面板内，点击【修改】（◪）按钮，可进入修改控制面板，在该面板内对面板尺寸进行调整，使其大小与柜体一致。为了美观设为与柜体相同的颜色（点击修改面板内物体名字旁边的色块进行修改 ▭）。完成后如图3-21所示。

（5）继续使用【长方体】工具，用与制作柜面类似的方法做出抽屉并放到合适的位置。然后使用【球体】工具，为抽屉创建把手。如图3-22所示。

（6）继续使用【长方体】工具，在柜体的一边制作柜脚（可用鼠标右键在不同视图内切换，并且多个视图协同调节，使柜脚移动到合适的位置）。如图3-23（a）上图所示。然后点击"W"快捷键切换到移动状态，按住键盘的【Shift】键，在左视图内用左键点击X轴向右拖动到另一侧的位置，如图3-23（b）所示。松开鼠标左键，在弹出的复制对象内点击确定完成复制，如图3-23（c）所示。

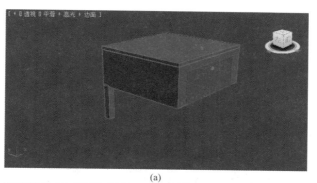

(a)

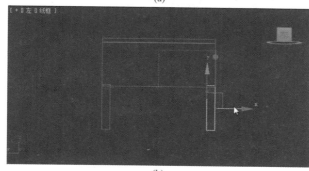

(b)

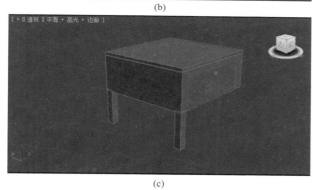

(c)

图3-23　制作柜脚

（7）继续使用【长方形】工具，补充柜脚底部横梁。如图3-24所示。

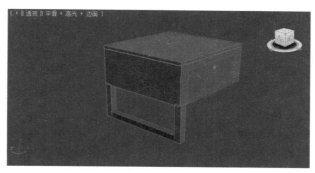

图3-24　补充柜脚底部横梁

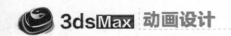

（8）按住【Ctrl】键，把柜脚的三个矩形都选中，切换到前视图，然后使用上文类似的方法，复制出另一边的柜脚。如图3-25所示。

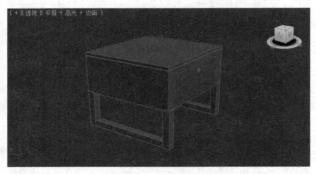

图3-25　复制柜脚

本章小结

　　本章主要讲述了标准基本体（基本几何体）创建方法以及模型的基本操作，这些都是建模最基本的操作。

课后练习

　　1．练习创建各种基本几何体。
　　2．练习制作木凳。
　　3．练习制作简约电视柜。

第4章
3ds Max的基础建模

4.1 创建扩展基本体

在3ds Max 2010中，除了创建标准基本体的命令外，还有一组创建扩展基本体的命令。

在操作界面右方的控制面板区上点击"创建"（ ）按钮，进入创建命令面板，单击"几何体"按钮 ，进入几何体创建命令面板。选择下拉列表中的 扩展基本体 选项，即可进入扩展基本体创建命令面板。

在扩展基本体创建命令面板中有13种模型，每一种扩展基本体都由复杂的参数控制，以下逐一进行介绍。

4.1.1 创建异面体

单击 异面体 按钮，在视图中按住鼠标左键并移动到适当位置松开鼠标，即可完成异面体的创建。一共有5种不同类型的异面体供用户选择。分别为【四面体】、【立方体/八面体】、【十二面体/二十面体】、【星形1】、【星形2】。如图4-1所示，由左到右，由上到下即为这5种异面体的实例。

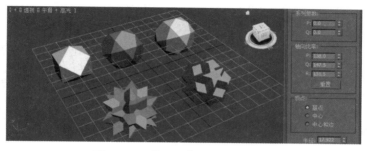

图4-1　5种不同类型的"异面体"

【系列参数】：P和Q分别决定异面体上两种类型面的大小。

【轴线比率】：P，Q和R分别决定异面体上3种类型面的突起程度。

【顶点】：用来设置异面体的顶点所在位置。

【半径】：用来设置异面体的半径大小。

4.1.2 创建切角长方体

单击 切角长方体 按钮，在视图中按住鼠标左键并移动至适当位置松开，确定切角长方体的长和宽，接着移动鼠标并单击左键，确定切角长方体的高度，然后继续移动鼠标确定切角长方体的圆角数量，单击鼠标右键，结束切角长方体的创建，创建的切角长方体如图4-2所示。

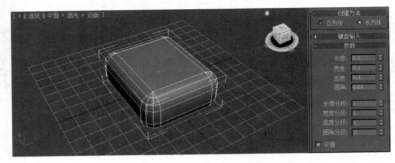

图4-2 创建的切角长方体

【创建方法-立方体/长方体】：用于设置创建的对象是长宽高一致的立方体还是任意长宽高的长方体。

【长度/宽度/高度】：用于设置长方体长、宽、高的大小。

【圆角】：用于设置切角的弧度半径。

【长度分段/宽度分段/高度分段】：用来确定长宽高的分段数。

【圆角分段】：用来确定圆角的分段数，分段越多，越接近圆形。

【平滑】：对圆角表面进行自动平滑处理。

4.1.3 创建油罐

单击 油罐 按钮，在视图中按住鼠标左键并移动到适当位置松开，确定油罐的半径，接着移动鼠标并单击左键，确定油罐的高度，然后继续移动鼠标并单击左键，确定油罐的封口高度，单击鼠标右键结束创建油罐，创建的油罐如图4-3所示。

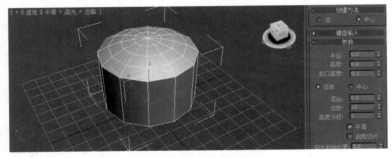

图4-3 创建油罐

【半径】：用于设置油罐横截面的半径。

【高度】：用于设置油罐的高度。

【封口高度】：用于设置有关圆弧形顶端的高度。

【总体/中心】：用于设置高度是以总体高度来计算还是以1/2高度来计算。

【混合】：用于确定圆弧顶端跟圆柱体连接处的平滑程度，值越大越平滑。

【边数/高度分段】：用于确定圆柱体纵向跟横向的分段数。

4.1.4　创建纺锤

单击 **纺锤** 按钮，在视图中按住鼠标左键并移动到适当位置松开，确定纺锤的半径，接着移动鼠标并单击左键，确定纺锤的高度，然后继续移动鼠标并单击左键，确定纺锤的封口高度，单击右键结束创建纺锤，创建的纺锤如图4-4所示。

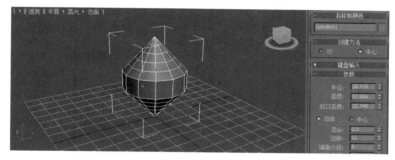

图4-4　创建纺锤

选项参数说明与创建油罐相似，在此不再重复。

4.1.5　创建球棱柱

单击 **球棱柱** 按钮，在视图中按住鼠标左键并移动到适当位置松开，确定球棱柱的半径，接着移动鼠标并单击左键，确定球棱柱的高度，然后继续移动鼠标并单击左键，确定球棱柱的圆角值，单击鼠标右键结束创建球棱柱，创建的球棱柱如图4-5所示。

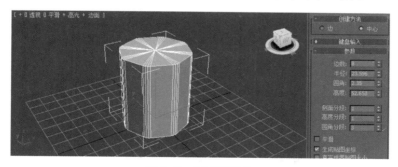

图4-5　创建球棱柱

【边数】：用于设置球棱柱侧面的面数。

【半径】：用于设置球棱柱界面的半径。

【圆角】：用于设置球棱柱侧面的面之间圆角的半径。

【高度】：用于设置球棱柱的高度。

4.1.6 创建环形波

单击 环形波 按钮，在视图中按住鼠标左键并移动到适当位置松开，确定环形波的半径，接着移动鼠标并单击左键，确定环形波的环形宽度，单击鼠标右键结束创建环形波，创建的环形波如图4-6所示。

图4-6　创建环形波

【环形波计时】：通过该命令可以播放环形波的生成过程。

【无增长】：选中此单选按钮后，环形波的生成过程将不能以动画形式播放。

【增长并保持】：选中此单选按钮后，以动画形式播放环形波的生成过程，并且当环形波生成到最大时停止生成，然后循环重复以前的过程。设定之后可以通过拉动动画帧滑块来观看。

【循环增长】：选中此单选按钮后，以动画形式播放环形波的生成过程，而且环形波在生成过程中不断变大，形状会超出建成时的大小，然后循环重复以前的过程。设定之后可以通过拉动动画帧滑块来观看。

【外边波折/内边波折】：分别设置环形的内外边的波折形状。如果不做设置的话为圆形。图4-6中所示形状为内外边都设置了波折的情形。

4.1.7 创建软管

单击 软管 按钮，在视图中按住鼠标左键并移动到适当位置松开，确定软管的直径，接着移动鼠标并单击左键，确定软管的高度，单击鼠标右键结束创建软管，创建的软管如图4-7所示。

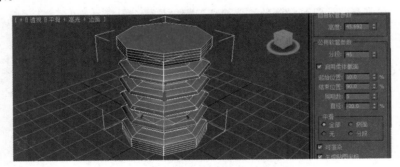

图4-7　创建软管

【端点方法】：用于设置软管的生成方法。如果设置为【绑定到对象轴】，可以激活"绑定对象"功能区，把软管的顶部和底部绑定到物体之后，3ds Max 会自动生成一条连接两个被绑定物体的软管，并且移动了对应物体之后，软管也会跟随移动，如图4-8所示。

【高度】：用于设置软管的长度。

【分段】：用于设置软管纵向分段数。

【启用柔体截面】：用于设定是否需要柔软皱褶部分。

【起始位置/结束位置】：用于设置柔软部分的起止位置，用百分比来表示。

【周期数】：用于设置柔软部分的周期数，也就是皱褶数。

【直径】：用于设置软管的直径大小。

【平滑】：用于设置需要自动平滑处理的部位。

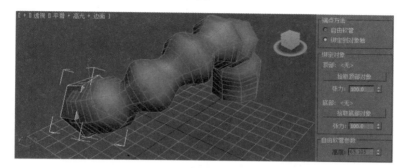

图4-8 软管绑定端点

4.1.8 创建环形结

单击 **环形结** 按钮，在视图中按住鼠标左键并移动到适当位置松开，确定环形结的半径，接着移动鼠标并单击左键，确定环形结的横截面半径，单击鼠标右键结束创建环形结，创建的环形结如图4-9所示。

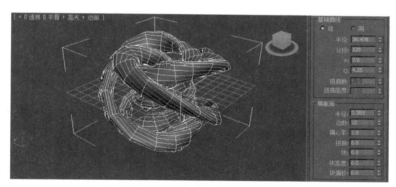

图4-9 创建环形结

【结/圆】：用于设定将创建的物体打结还是创建的物体为圆环。

【半径】：控制环形结的半径大小。

【分段】：控制环形结表面光滑度，值越大，表面越光滑。

【P/Q】：表示在两个方向上打结的数目。

【扭曲数】：在选中【圆】单选按钮时有效，表示环形物体上突出的卷曲角数。

【扭曲高度】：在选中【圆】单选按钮时有效，控制突出的卷曲角的高度。

【偏心率】：表示环形物体的横截面对圆形的偏离程度。值越靠近1，截面越接近圆形。

【扭曲】：控制环形物体表面的扭曲程度。

【块】：控制膨胀的程度。

【块高度】：控制膨胀的高度。

【块偏移】：控制膨胀的偏离位置。

4.1.9 创建切角圆柱体

单击 切角圆柱体 按钮，在视图中按住鼠标左键并移动至适当位置松开，确定切角圆柱体的半径，接着移动鼠标并单击左键，确定切角圆柱体的高度，然后继续移动鼠标确定切角圆柱体的圆角数量，单击鼠标右键，结束切角圆柱体的创建，创建的切角圆柱体如图4-10所示。

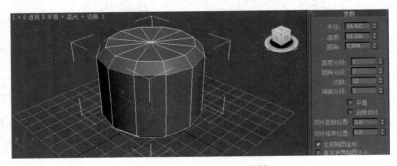

图4-10　创建切角圆柱体

【半径】：用于设置切角圆柱体横截面半径。

【高度】：用于设置切角圆柱体的高度。

【圆角】：用于设置切角圆柱体切角的半径。

【高度分段/圆角分段/边数/端面分段】：用于设置切角圆柱体各个面的分段数，数值越大，越圆滑。

4.1.10 创建胶囊

单击 胶囊 按钮，在视图中按住鼠标左键并移动到适当位置松开，确定胶囊的半径，接着移动鼠标并单击左键，确定胶囊的高度，然后单击鼠标右键结束创建胶囊，创建的胶囊如图4-11所示。

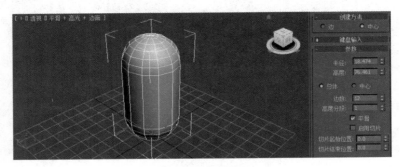

图4-11　创建胶囊

选项参数说明与创建油罐相似，在此不再重复。

4.1.11 创建L-Ext

单击 L-Ext 按钮，在视图中按住鼠标左键并移动到适当位置松开，确定L-Ext的侧面长度和前面长度，接着移动鼠标并单击左键，确定L-Ext的高度，然后继续移动鼠标至适当位置单击左键，确定L-Ext的侧面宽度和前面宽度，单击鼠标右键结束创建L-Ext，创建的L-Ext如图4-12所示。

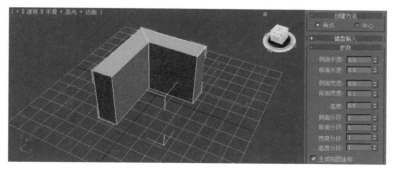

图4-12　创建L-Ext

选项参数说明与创建长方体相似，在此不再重复。

4.1.12　创建C-Ext

单击 C-Ext 按钮，在视图中按住鼠标左键并移动到适当位置松开，确定C-Ext的背面长度、侧面长度和前面长度，接着移动鼠标并单击左键，确定C-Ext的高度，然后继续移动鼠标至适当位置单击左键，确定C-Ext的背面宽度、侧面宽度和前面宽度，单击鼠标右键结束创建C-Ext，创建的C-Ext如图4-13所示。

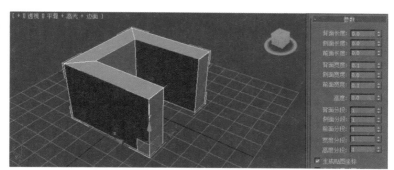

图4-13　创建C-Ext

选项参数说明与创建长方体相似，在此不再重复。

4.1.13　创建棱柱

单击 棱柱 按钮，在视图中按住鼠标左键并移动到适当位置松开，确定棱柱侧面1的长度，接着移动鼠标并单击左键，确定棱柱侧面2和侧面3的长度，然后继续移动鼠标至适当位置单击左键，确定棱柱的高度，单击鼠标右键结束创建棱柱，创建的棱柱如图4-14所示。

【二等边】：创建横截面为等腰三角形的棱柱。

【基点/顶点】：创建横截面为任意三角形的棱柱。

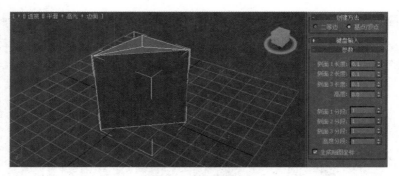

图4-14　创建棱柱

4.2　创建二维图形

在3ds Max2010中提供了另一种很重要的造型工具——二维图形。在实际工作过程中，利用二维曲线转化成三维实体能够大大缩短建模的时间，而且利用二维曲线能够创建出比较复杂的三维实体。

在创建面板中，几何体的按钮旁边就是二维图形的按钮（），点击之后可进入二维图形创建面板。二维图形有【样条线】、【NURBS曲线】、【扩展样条线】三种类型，本章只介绍样条线（11种）的创建方法，其他二维图像将在后面的章节详细介绍。

4.2.1　创建线

样条线是由许多顶点和直线连接的线段集合，调整它的顶点，可以改变样条线的形状。在3ds Max 2010的默认情况下，线不会出现在渲染场景中。而任何一个平面造型都是由最基本的直线、折线和曲线构成的。

在操作界面的右方的控制面板区上点击"创建"（）按钮，进入创建命令面板，单击"二维图形"按钮，进入二维图形创建命令面板。

单击鼠标左键创建折线的第一点，然后移动鼠标到另一位置单击左键，单击右键结束创建，可创建出一条直线，如图4-15所示的第一条线；按同样的方法继续点击多个点，单击鼠标右键结束创建，可创建出折线，如图4-15所示的第二条线；如果点击左键之后不放开，拖动到第二点再放开可产生曲线，可连续使用相同方法创建出含有多个弯曲的曲线，如图4-15所示的第三条线。

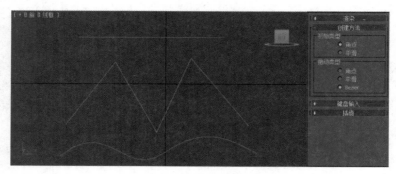

图4-15　创建直线和折线

如果曲线的起点和终点重合，即创建封闭曲线时，系统会弹出如图4-16所示的提示框，单击"是"按钮，则会自动创建为封闭曲线；否则不封闭。

【初始类型】：用于确定第一个点是折线点还是曲线点。

【拖动类型】：用于确定使用拖动方式来创建点时会产生直线、曲线还是贝塞尔曲线。

图4-16　闭合"样条线"提示框

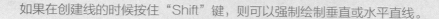

小贴士 **TIPS**

如果在创建线的时候按住"Shift"键，则可以强制绘制垂直或水平直线。

4.2.2　创建矩形、圆、弧和椭圆

创建矩形、圆、弧和椭圆的操作比较类似，在此一起讲述。单击 矩形 / 圆 / 弧 / 椭圆 按钮，在前视图中按住鼠标左键，拖动到适当位置后松开鼠标（创建弧形时需要再拖动鼠标到第三个位置确定圆弧的弧度）。此时，在各视图中都可以看到绘制出的矩形/圆/弧/椭圆，如图4-17所示。

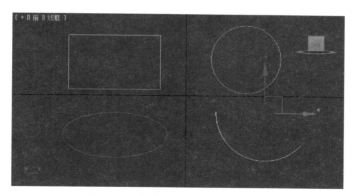

图4-17　创建矩形、圆、弧和椭圆

小贴士 **TIPS**

如果取消选中图形创建命令面板中【开始新图形】按钮前的复选框，则创建的图形将连接成一个二维图形。

4.2.3　创建圆环

单击 圆环 按钮，在前视图中按住鼠标左键拖动到适当位置松开鼠标，然后移动鼠标到适当位置并单击左键，确定圆环第二个圆的位置。如图4-18所示。

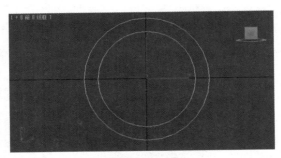

图4-18　创建圆环

4.2.4　创建多边形

单击 多边形 按钮，在前视图中按住鼠标左键，拖动到适当位置后松开鼠标。此时，在各视图中都可以看到绘制出的多边形，如图4-19所示。

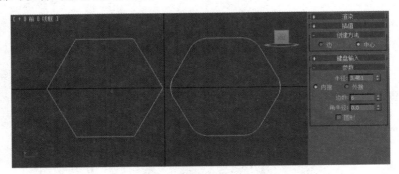

图4-19　创建多边形

【半径】：用于设置多边形的"半径"。

【边数】：用于设置多边形由多少条边组成。

【角半径】：用于设置多边形的角的弧度。如果为0则是角，大于0则是圆弧，如图4-19右边的图形。

4.2.5　创建星形

单击 星形 按钮，在前视图中按住鼠标左键，拖动到适当位置松开鼠标并再次单击鼠标左键。此时，在各视图中都可以看到绘制出的星形，如图4-20所示。

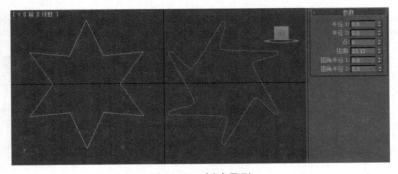

图4-20　创建星形

【点】：用于设置星形的角的数量。

【扭曲】：修改此数值可以使星形做螺旋形扭曲，如图4-20右边图形所示。

【圆角半径1/圆角半径2】：用于设置星形的外角和内角的弧度。如果为0则是角，大于0则是圆弧，如图4-20右边图形所示。

4.2.6　创建文本

单击 文本 按钮，在文本栏中输入文字，然后移动鼠标到视图的适当位置单击左键即可。例如在文本栏中输入"天使"，设置参数如图4-21所示，然后在前视图中单击鼠标左键，效果如图4-21所示。

修改【字体】、【字形】、【对齐】、【大小】、【字间距】、【行间距】、【文本】等参数可以直接影响模型的形状。

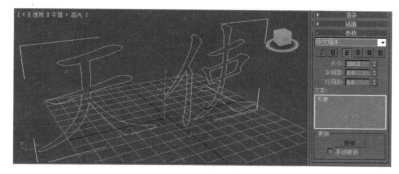

图4-21　创建文本

4.2.7　创建螺旋线

单击 螺旋线 按钮，在视图中按住鼠标左键拖动到适当位置，此时就创建出了螺旋线的底圆，接着移动鼠标确定螺旋线的高度，再次单击鼠标左键，然后继续移动鼠标来确定螺旋线的顶圆，单击鼠标左键即可确定螺旋线。如图4-22所示。

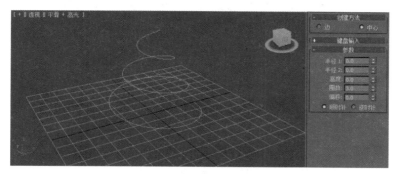

图4-22　创建螺旋线

【半径1】：用于设置螺旋线底部圆半径。

【半径2】：用于设置螺旋线顶部圆半径。

【高度】：用于设置螺旋线整体高度。

【圈数】：用于设置螺旋线中旋转的圈数。

【偏移】：用于设置螺旋线中的线的纵向偏移量。

【顺时针/逆时针】：用于设置螺旋线旋转的方向。

4.2.8 创建横截面

截面是指在三维物体上通过截取截面而形成的二维图形。下面就以截取茶壶截面为例进行说明。

（1）在视图中创建一个茶壶，如图4-23所示。

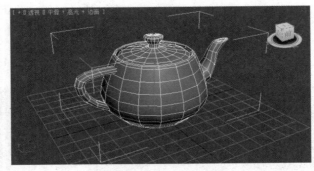

图4-23 创建横截面（1）

（2）进入图形创建命令面板，单击【截面】按钮，在顶视图中创建一个"田"字形截面，如图4-24所示。

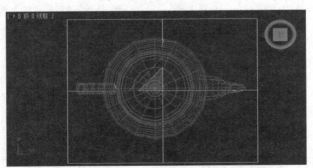

图4-24 创建横截面（2）

（3）利用工具栏中的"选择并移动"按钮和"选择并旋转"按钮移动并旋转截面，可以看到截面体与茶壶相切的地方形成了轮廓，如图4-25所示。

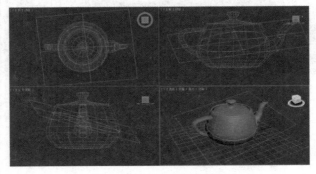

图4-25 创建横截面（3）

（4）选中横截面物体，单击"修改"按钮（ ），进入修改命令面板，在【参数】栏中单击【创建图形】按钮，弹出如图4-26所示的"命名界面图形"对话框，填入名称。

图4-26 创建横截面（4）

（5）单击【确定】按钮之后截面就创建完成了，为了能够更好地观看所创建的截面图形，可以先隐藏"田"字形截面和茶壶。创建的截面如图4-27所示。

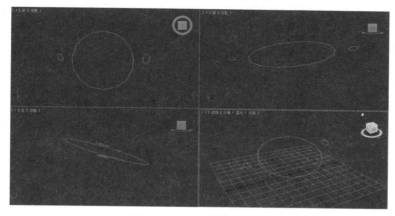

图4-27 创建横截面（5）

小贴士 TIPS

被隐藏的对象如果想再次显示，可以在视图上点击右键，在上下文菜单内选择【全部取消隐藏】。或者单击工具栏内的【层管理】（ ）按钮，弹出层管理对话框，在该对话框内有所有对象的列表，可以点击对象对应的"冻结""隐藏"等属性对对象的显示状态进行设置。如图4-28所示。

图4-28 层管理对话框

4.3 创建建筑学几何体

进入"创建"命令面板的"几何体"创建面板内，还有几组与建筑模型相关的几何体。它们分别是下拉列表内的【门】、【窗】、【楼梯】。这几组几何体的创建都比较简单，在读者

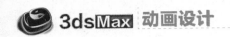

熟悉了"标准基本体"和"扩展基本体"的创建之后，应该可以轻易掌握，在此不详细讲解，仅把几种建筑学几何体列出来以供参考。

4.3.1 门

如图4-29所示，由左至右分别是【枢轴门】、【推拉门】、【折叠门】。

图4-29　门

4.3.2 窗

如图4-30所示，由左到右，由上到下分别是【遮蓬式窗】、【平开窗】、【固定窗】、【旋开窗】、【伸出式窗】、【推拉窗】。

图4-30　窗

4.3.3 楼梯

如图4-31所示，由左至右，由上至下分别是【L形楼梯】、【U形楼梯】、【直线楼梯】、【螺旋楼梯】。

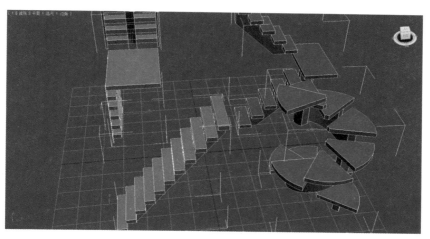

图4-31　楼梯

4.4　基础建模综合实训1：制作简约凳子

　　（1）创建凳子坐垫。在命令面板内，切换到【创建】—【几何体】—【扩展基本体】面板，点击【切角圆柱体】按钮，在视图中央的位置创建一个切角圆柱体，如图4-32所示。加大圆角分段数和边数的数值，让其边缘更圆滑一些，具体参数值如图4-32右边所示。

　　注：习惯上要把主物体的坐标进行归0处理，参见第3章"3.4 基本模型与操作综合实训：制作简约床头柜"第2步，后面的章节内不再赘述。

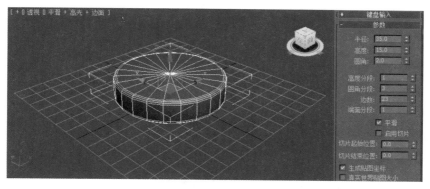

图4-32　创建凳子坐垫

　　（2）创建凳子支架。在命令面板内，切换到【创建】—【几何体】—【标准基本体】面板，点击【管状体】按钮，围在凳子主体的旁边。然后在参数面板勾选"启用切片"，设置"切片起始位置"为70，"切片结束位置"为-70。如图4-33所示。

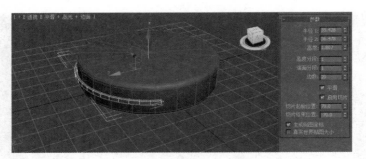

图4-33　创建凳子支架

为了能够快速让支架与主体对齐吻合，习惯上会在顶视图进行创建操作（创建出包围主体的支架圆环），然后再在左视图或者前视图进行移动操作（默认情况下新的物体会被创建在X坐标为0的位置，经过位置调整后才能使支架在垂直方向上移动到位。）。

在使用3ds Max进行建模时经常需要多个视图互相协助操作（图4-34）。使用鼠标右键点击的方式来切换激活视图，可以避免切换之后误选无关物体的情况。

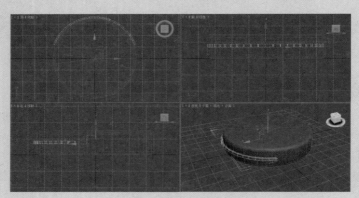

图4-34　创建凳子支架三视图

（3）创建支架脚。使用"扩展基本体"的"切角长方体"工具在刚才建立的支架的两端加上两个脚。这里需要使用旋转工具在XY轴平面上旋转，让支架脚的两边与支架两个端点的切面平行。最终效果以及参数如图4-35所示。

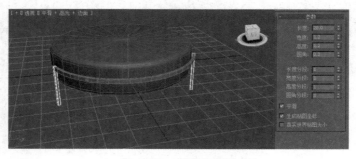

图4-35　创建支架脚

（4）制作支架底部。再次使用"管状体"工具做出支架底部，在多个视图联合调整，使支架底部移动到位。然后在参数面板勾选"启用切片"，设置"切片起始位置"为-70，"切片结束位置"为70。如图4-36所示。

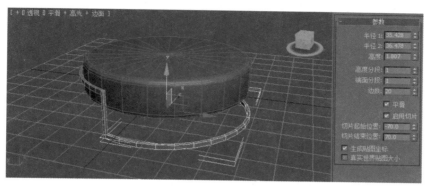

图4-36　凳子支架底部

（5）最终效果如图4-37所示。

图4-37　凳子最终效果

4.5　基础建模综合实训2：制作简约小桌

经过上一节的综合实训，相信读者对利用扩展基本体建模有了一定的认识。本节的实训主要练习利用二维图形创建模型的基础。

（1）创建小桌底座。在命令面板内，切换到【创建】—【几何体】—【扩展基本体】面板，点击【切角圆柱体】按钮，在视图中央的位置创建一个切角圆柱体，如图4-38所示。加大圆角分段数和边数的数值，让其边缘更圆滑一些，具体参数值如图4-38右边所示。

（2）创建小桌支架的线形。在命令面板内，切换到【创建】—【图形】—【样条线】面板，点击【螺旋线】按钮，在底座上方拉出螺旋线，调整【圈数】为"3"。把底座和螺旋线的XYZ坐标都归0处理，这样就能保证它们的中心重叠在一起，如图4-39所示。

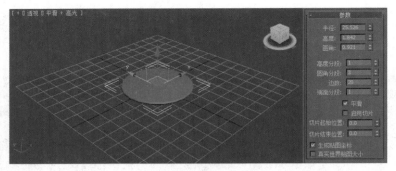

图4-38　创建小桌底座

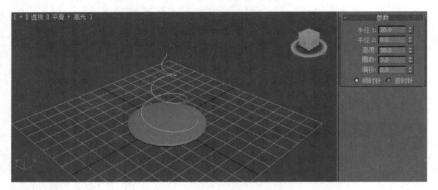

图4-39　创建小桌支架的线形

小贴士　TIPS

　　如果在创建的时候没有把参数设好就对物体失去了选中状态，导致设置面板关闭了，可以重新选中物体，然后切换到【修改】（ ✐ ）面板，即可继续调整物体的参数。

　　（3）制作小桌支架实体。在4.2节中提到，二维图形不会出现在渲染场景中，所以需要把二维图形转换为三维的物体。选中刚创建的小桌支架线形，切换到【修改】面板，打开【渲染】分栏，把【在渲染中启用】、【在视口中启用】、【使用视口设置】几个复选框都选中。然后把下方【视口】单选框选中，这时候可以调节【径向】单选框下的内容，调整参数以及效果图如图4-40所示。

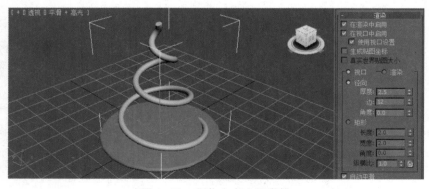

图4-40　制作小桌支架实体

（4）制作小桌桌面外框。在命令面板内，切换到【创建】—【几何体】—【标准基本体】面板，点击【管状体】按钮，在"顶视图"内对准底座中心的位置拉出桌面的外圈。效果以及参数如图4-41所示。

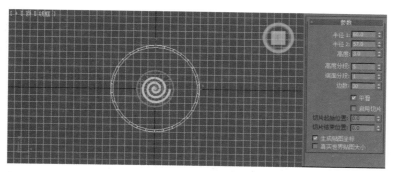

图4-41　制作小桌桌面外框

（5）制作小桌桌面。点击【标准基本体】的【圆柱体】按钮，也在"顶视图"内对准底座中心的位置拉出桌面，通过参数调节把XYZ坐标归0即可对准，调节参数把桌面调节到适合的大小以及厚度。在左视图内放大观察，使用移动工具把桌面移动到外框的居中的位置。如图4-42所示

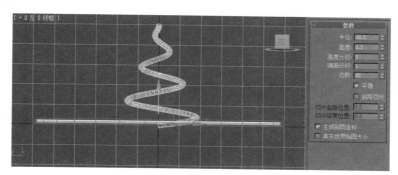

图4-42　制作小桌桌面

（6）组合桌面以及桌面外框。使用选择工具同时选择桌面以及桌面外框，点击菜单的【组】—【成组】。在弹出的对话框内填入组名，点击确定完成成组，这时候可以同时移动桌面以及桌面外框，如图4-43（a）所示。把桌面沿Z轴移动到合适的位置，如图4-43（b）所示（为了演示效果，截图内的桌面使用了透明材质）。

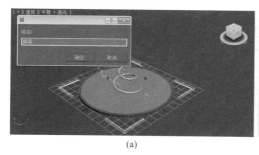 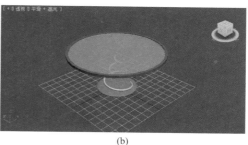

(a)　　　　　　　　　　　　　　　　　　(b)

图4-43　桌面成组

（7）最后调整。在各个视图内观察各个部件位置是否合理，如果发现不合理可以进行调整。例如案例内，桌面外框边数不够导致锯齿、底座厚度不够等问题都可以在最后调整的过程中进行完善。另外，支架与桌面还缺一个连接部件，补上之后最终效果如图4-44所示。

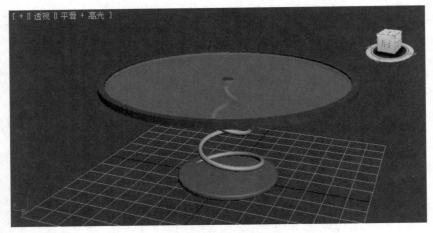

图4-44　小桌最终效果

本章小结

　　本章主要讲述了扩展基本体和二维图形的创建方法，这些都是用于建模的最基本的物体，在讲述的过程中都详细给出了几何体的参数说明，有利于用户对所创建物体的理解和学习。

课后练习

　　1. 练习制作简约书柜。
　　2. 练习制作简约沙发。
　　3. 练习制作吸管。

第5章
3ds Max修改器建模

5.1 修改器简介

【修改】（图标）面板是3ds Max里面一个非常重要的组成部分，它主要包括"参数修改"和"修改器"两个部分。之前已经介绍了修改现有对象参数的功能，在本章内将会系统讲述"修改器"原理以及使用方法。

"修改器"的作用是附加在已有的模型上，对已有的模型进行调节修改，以达到改变其几何形状的目的。如图5-1所示为【修改】面板内"修改器"部分截图。

5.1.1　修改器堆栈

图5-1中下方方框即为修改器堆栈主窗口，所有应用到当前选定对象的修改器都会列在这里。图中最下方按钮由左到右介绍如下。

图5-1　修改器面板

【锁定堆栈】：点击该按钮之后，修改器面板会一直锁定在当前选定对象上。也即锁定堆栈之后，即使切换不同的选定对象，堆栈列表的内容也不会改变。

【显示最终结果】：该按钮处于点击状态下，视图内的模型对象会把所有附加的修改器的作用效果显示出来。否则仅显示修改器列表内当前选中项目以下的修改器的作用效果。

【使唯一】：当同时选中两个以上物体，并附加修改器之后，该按钮会变为可用。点击之后会使修改器改为分别应用到各物体上。

【从堆栈中移除修改器】：点击之后可删除在堆栈列表内选中的修改器。

【配置修改器集】：点击之后会弹出一个子菜单，这个菜单中的命令主要用于配置在【修改】面板中怎样显示和选择修改器。一般使用时会习惯选中【显示按钮】把修改器集显示出来（图5-1中修改器堆栈上方的按钮方阵），并且点击【配置修改器集】按钮，在弹出的对话框（图5-2）内配置【修改器集】中出现的常用按钮。

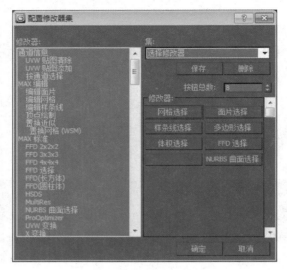

图5-2 配置修改器集

5.1.2 为对象添加修改器

【添加修改器】：选中一个对象，进入【修改】面板，点击【修改器列表】弹出下拉列表，在列表内选择一个修改器。如图5-3所示，为矩形选择了一个【晶格】修改器。

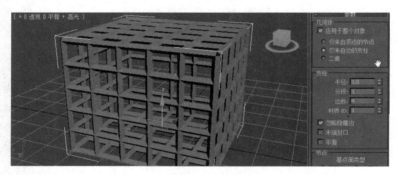

图5-3 添加修改器

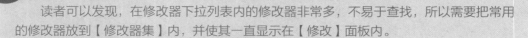

读者可以发现，在修改器下拉列表内的修改器非常多，不易于查找，所以需要把常用的修改器放到【修改器集】内，并使其一直显示在【修改】面板内。

5.1.3 修改器的排序

在【修改器列表】内的修改器的向后顺序非常重要，有时会影响到对对象作用的结果。先加入的修改器会在下方，后加入的修改器则会在上方。如图5-4所示，为【扭曲修改器】和【弯曲修改器】在不同顺序时的效果。

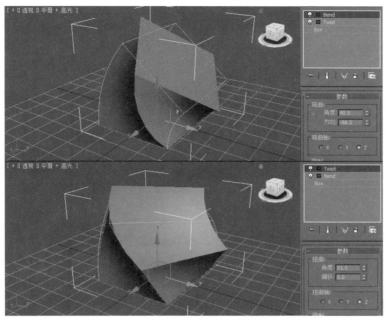

图5-4　修改器的排序

如需调整修改器的顺序，只需要鼠标左键点击修改器进行拖动即可。

如果希望某个修改器暂时不起作用，可以在修改器堆栈内点击对应修改器左边的灯泡按钮，灯泡按钮处于弹起状态时，对应修改器将不起作用。

修改器的数量很多，本书仅挑选比较常用的进行讲解。为了让读者可以深刻理解和熟练使用各种修改器，后面章节将以直接的案例形式对几种常用修改器进行介绍。

5.2　制作3D文字（挤出修改器/倒角修改器/倒角剖面修改器）

（1）在控制面板中切换到【创建】—【图形】—【样条线】，点击【文本】按钮，在前视图内点击一下，创建出文字轮廓样条线。可在属性卷栏内修改文字内容以及字体等属性。然后使用移动工具和缩放工具把文字轮廓样条线调整到合适的大小以及位置，如图5-5所示。

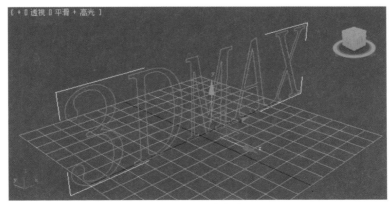

图5-5　创建文字

（2）切换到【修改】面板，在"修改器列表"内点击【挤出】选项，这样就把挤出修改器附加到当前选中的字体样条线上了。在属性卷栏里面把【数量】值设为20（或左键点击数量值输入框右边的三角箭头拖动鼠标进行调节），这样就制作出了一个3D文字模型，如图5-6所示。

图5-6　挤出修改器

（3）挤出修改器的使用非常简单，但效果也过于单调，为了让3D字体的形状更生动，通常会使用倒角修改器。先点击挤出修改器左边的灯泡，关闭挤出修改器的使用。在修改器堆栈框中选中"Text"字样（即选中最原始的文字样条线），然后在"修改器列表"内选中【倒角】选项把倒角修改器应用到字体上。然后修改一下参数：把"级别1"的"高度"设为10.0；勾选"级别2"，把"高度"设为3.0，"轮廓"设为-0.3；勾选"级别3"，把"高度"设为2.0，"轮廓"设为-0.5，最终效果如图5-7所示。

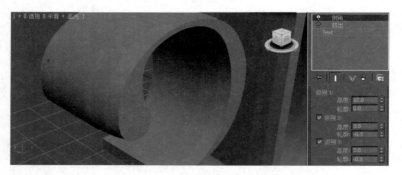

图5-7　倒角修改器

（4）如果希望字体的轮廓更复杂，可以使用倒角剖面修改器。同样的，点击修改器堆栈里面【倒角】修改器右边的灯泡，使其不起作用。在使用倒角剖面修改器之前，需要画一条用于确定3D文字剖面轮廓的样条线。在控制面板中切换到【创建】—【图形】—【样条线】，点击【线】按钮，然后在顶视图上画出一个反"C"形状的样条线。如图5-8所示白色的线段。

图5-8　用于剖面倒角的样条线

　　（5）选中刚画的样条线，切换到【修改】面板，点击"点"级别（ ⬚ ）按钮，这时候视图内的对象的每个节点都会出现一个红色小正方形。可以使用移动工具来移动这些点，从而达到修改样条线形状的目的（可打开二维【捕捉开关】工具，把点移动到网格上对齐）。如图5-9所示。

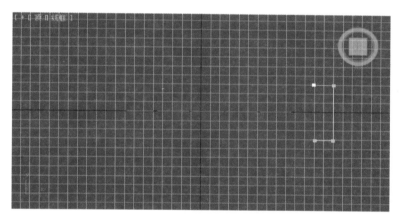

图5-9　修改样条线

　　（6）选中右上方的顶点，拉动右边的卷栏，找到【圆角】属性，鼠标点击输入框右侧的箭头拖动，制作出圆角效果，如图5-10所示。

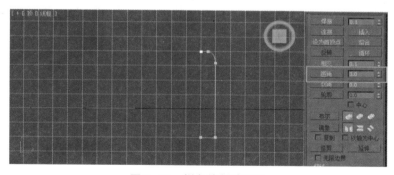

图5-10　样条线创建圆角

（7）退出样条线的"点"编辑状态（只有退出"点"编辑状态，才能选择其他物体），点击之前创建的文字样条线，在修改器列表内选择【倒角剖面】修改器。然后在卷栏内点击【拾取剖面】按钮，进入拾取剖面状态，此时用鼠标点击之前创建的剖面样条线。利用剖面线作为剖面的3D字体就完成了。如图5-11所示。

图5-11　倒角剖面3D文字效果

TIPS 小贴士

应用了【倒角剖面】修改器之后，如果模型出现破图现象，可以调节之前的剖面样条线的尺寸，把剖面图上下两个边缩小，可有效解决破图的问题。

5.3　制作高脚杯（车削修改器）

（1）在控制面板中切换到【创建】—【图形】—【样条线】，点击"线"按钮，在前视图内点击一下，粗略画出闭合的高脚杯的剖面轮廓。如图5-12所示。

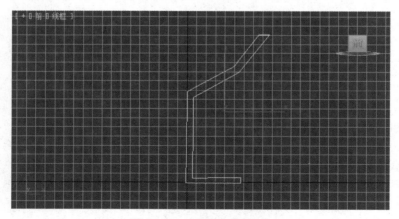

图5-12　高脚杯剖面轮廓

（2）接下来需要对高脚杯的剖面做进一步细节调整，此时可点击【Alt+W】使前视图视窗最大化，以便于观察和调整。保持剖面线条选中状态，切换到修改面板，点击"选择"卷栏下的【顶点】（⋮⋮）按钮进入定点编辑状态。把鼠标切换到移动工具状态，利用磁铁工具把杯脚的轮廓线调整到垂直，杯底座轮廓线调整到水平。如图5-13所示。

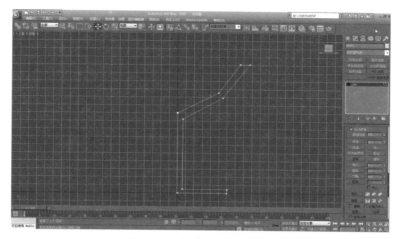

图5-13　调整高脚杯轮廓线

（3）进一步调整杯体的弧度。右键点击杯体中心定点，在弹出的上下文菜单内把该定点设置为【Bezier】点。此时该定点旁边会多出两条直线，可以通过拉动这两条直线的顶点来调节 Bezier 点两侧线的弯曲程度。如图5-14所示。

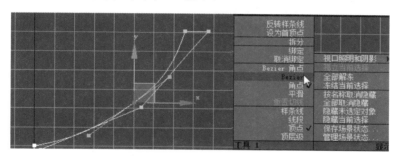

图5-14　调整 Bezier 点

（4）在【修改】面板的【几何体】卷栏下，找到【插入】按钮并点击，进入增加定点状态，此时用鼠标点击杯体轮廓线下沿增加一个定点。把下沿的这两个点都转化为【Bezier】以便调整轮廓线的曲度。然后再增加一个点，并转化为【Bezier角点】，调节两边曲度作为杯口的下沿，如图5-15所示。

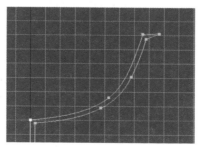

图5-15　插入顶点

（5）在【修改】面板的【几何体】卷栏下，找到【圆角】属性，选中需要变为圆角的定点，拖动指针进行调节。把高脚杯的外形调整得更为圆滑，如图5-16所示。

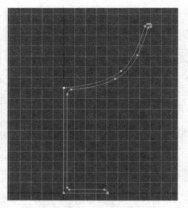

图5-16　调节圆角

（6）按【Alt+W】退出前视图全屏状态，选中高脚杯轮廓，在【修改】面板的【修改器列表】里面找到【车削】修改器并点击，完成修改器的添加，如图5-17所示。此时由于旋转轴的位置不对所以产生的形状还未如理想。

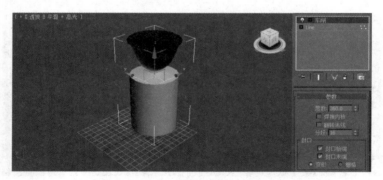

图5-17　使用车削修改器

（7）点击【修改器堆栈】下方的【垃圾桶】按钮删除掉刚才添加的【车削】修改器。点击【修改】面板上方的【层级】（🔲）按钮切换到层级面板，点击【仅影响轴】按钮。在前视图内使用移动工具把高脚杯剖面的旋转轴移动到杯脚的位置。如图5-18所示。

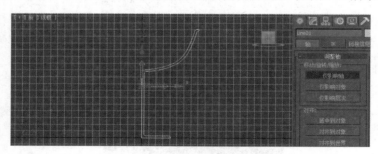

图5-18　调整旋转轴

（8）切换回【修改】面板，再次添加【车削】修改器，高脚杯的形状就基本出来了，如

图5-19所示。立体形状基本出来之后，发现杯体形状还不是很理想，需要进一步进行调整。

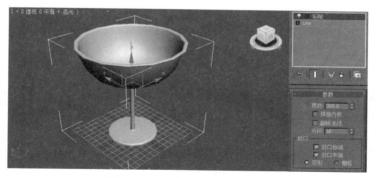

图5-19　再次添加车削修改器

（9）在【修改器堆栈】内点击"Line"行，并在参数卷栏内点击"点"编辑级别，同时使【显示最终结果开/关】打开，这样就可以一边在"用户视图"参考最终效果，一边在前视图对顶点进行调节。调节后效果如图5-20所示。

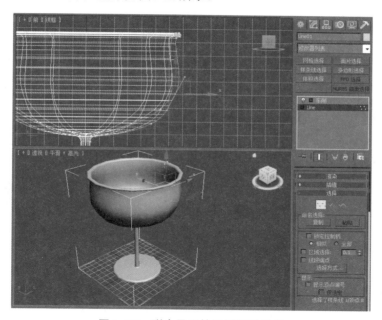

图5-20　联合最终效果调整样条线

（10）为了使杯体圆滑一些，可以在【车削】修改器的属性内把【分段】的值设为30。至此，利用【车削】修改器制作高脚杯模型基本完成，最终效果如图5-21所示。

图5-21　高脚杯最终效果

5.4 制作海平面（噪波修改器）

（1）在控制面板中切换到【创建】—【几何体】—【标准基本体】，点击【平面】按钮，在用户视图内画一个平面，并把长度和宽度分别设为300，长度分段和宽度分段分别设为297和300，这样得到一张密布网点的平面，如图5-22所示。

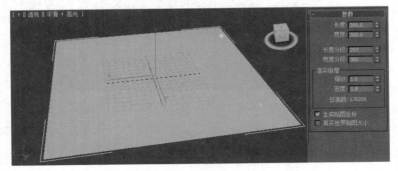

图5-22　生成一张平面

（2）切换到【修改】面板，在【修改器列表】内找到【噪波】修改器并点击。修改"噪波"—"比例"为10，"强度"—"Z"为5。这时可以见到噪波的影响，形成一张高低起伏的平面，如图5-23所示。

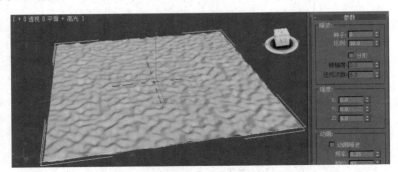

图5-23　噪波修改效果

（3）放大并调整一下角度，可以有更好效果。选中"动画"—"动画噪波"，并点击下方动画控制面板的"播放"按钮，可以看到运动的波浪，如图5-24所示。

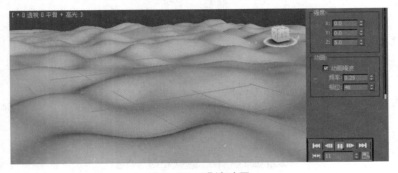

图5-24　噪波动画

（4）分形效果可以让波浪显得更复杂更真实。选中"噪波"下的"分形"属性，把"粗糙度"设为0.2，"迭代次数"设为6.0，把"强度"—"Z"改为3。效果如图5-25所示。

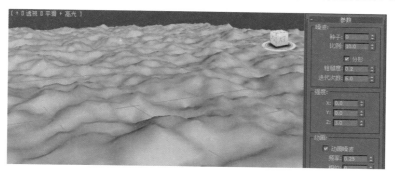

图5-25　分形噪波效果

5.5　制作抱枕（FFD修改器）

【FFD】是 Free Form Deformation 的简称，可通过少量的控制点来改变物体的形体，且变化柔和，被广泛应用到动画制作中，也可用作造型的辅助创建。

【FFD】修改器是一个修改器系列，包含了多种修改命令，区别在于它们控制点的个数以及排列的方式不同。

【FFD2×2×2】：指每边上有两个控制点。

【FFD3×3×3】：指每边上有三个控制点。

【FFD4×4×4】：指每边上有四个控制点。

【FFD（Box）】：指可以自由指定三边上控制点的数目，通过设置控制点数目，可包括前面的三种类型。

【FFD（Cyl）】：指控制线框为柱体方式，其数目也可自由设定。

下面以使用【FFD 4×4×4】修改器制作抱枕为例介绍这一系列的修改器的应用。

（1）在控制面板中切换到【创建】—【几何体】—【标准基本体】，点击【球体】按钮，在用户视图内创建一个球体，修改【半径】为90、【分段数】为50。如图5-26所示。

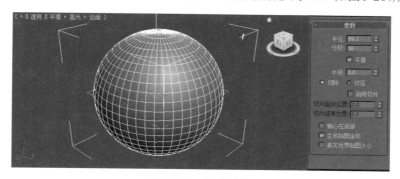

图5-26　创建球体

（2）切换到【修改】面板，在【修改器列表】中找到【FFD 4×4×4】修改器并点击完成添加。在修改器堆栈中单击命令左侧的小加号按钮，单击【控制点】，进入其次级物体层级，如图5-27所示。

图5-27　FFD4×4×4修改器

（3）在顶视图中框选如图5-28所示的控制点。

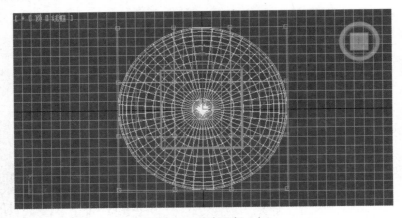

图5-28　选中顶部4点

（4）点击【R】快捷键使鼠标进入缩放状态，右键点击前视图（在选中点不变的情况下激活前视图），在前视图中将选择的各控制点沿Y轴向上拖曳，调整其形态如图5-29所示。

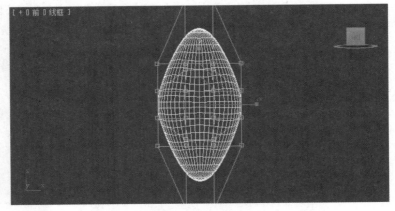

图5-29　纵向变形

（5）再次激活顶视图，在顶视图中按【Ctrl+鼠标左键】依次框选四角处的各控制点，如果4个边上的所有点都被框选了，则效果如图5-30所示。

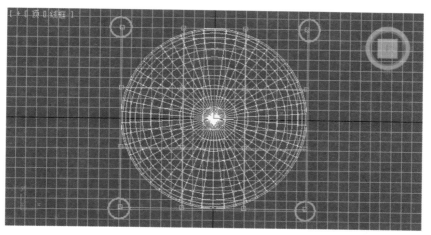

图5-30　选中四角各点

（6）点击【R】快捷键使鼠标进入缩放状态，在顶视图中将选择的各控制点沿 X、Y 轴向外拖曳，调整其形态如图5-31所示。

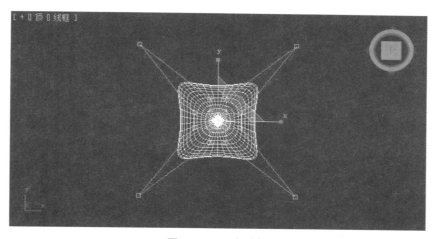

图5-31　四点外拉

（7）使用同样的方法，在顶视图中再次选择除四角之外的其余各控制点，并将选择的各控制点在前视图内沿 Y 轴向下拖曳，此时一个类似于抱枕的造型便完成了，如图5-32所示。

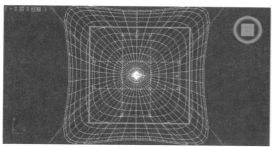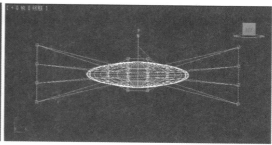

图5-32　压扁

（8）最终效果如图5-33所示。

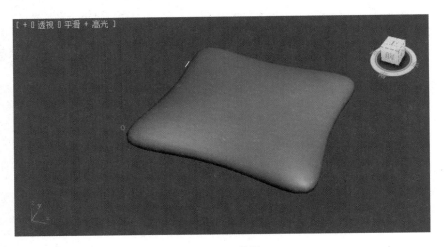

图5-33　抱枕

5.6　修改器建模综合实训：制作简约挂钟

（1）制作挂钟外框。在控制面板中切换到【创建】—【几何体】—【图形】，点击【圆】按钮，在前视图内创建一个圆，修改"参数"—"半径"为50、"插值"—"步数"为10；激活【在渲染中启用】和【在视图中启用】，选择"渲染"—"矩形"，设置"长度"为10、"宽度"为1，如图5-34所示。

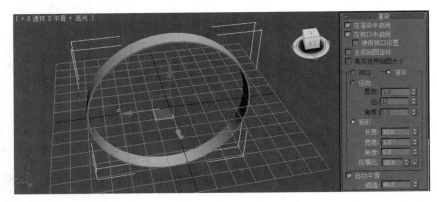

图5-34　挂钟外框

（2）制作挂钟背板。保持外框选中状态，鼠标右键点击外框，在弹出的上下文菜单内选择"克隆"，在弹出的对话框内选中"复制"，并点击确定完成复制，如图5-35所示。选中新复制的圆，在修改面板内取消【在渲染中启用】和【在视图中启用】，右键点击该圆，在弹出的上下文菜单内选择【转换为】—【转换为可编辑多边形】，如图5-36（a）所示。转换完成之后可以发现【修改】面板的属性有所变化，在用户视图中也可看见原来的圆变成了一个平面，如图5-36（b）所示。

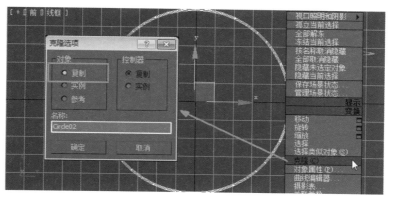

图 5-35 复制圆

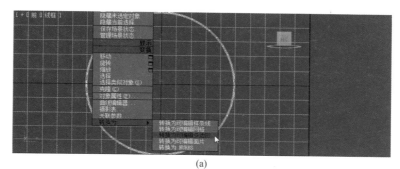

(a)

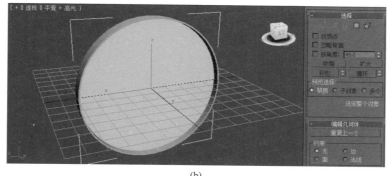

(b)

图 5-36 转换为可编辑多边形

小贴士　TIPS

　　这里通过把圆转换成"可编辑多边形"的方式来制作一个圆面，而不是直接创建一个圆柱体，其目的是为了减少面数，减轻模型的运算量。这个可编辑多边形是一个单面的物体，有时候创建之后，会正面向后，遇到这样的情况可以使用旋转工具设定Z轴旋转180°来把它反过来。

　　（3）制作数字。利用【文本】工具，创建"12"字样，使用【移动】和【缩放】工具调整到合适的位置。添加【挤出】修改器，设置厚度为10。以同样的方法，添加"3""6""9"字样到钟面上，如图5-37所示。

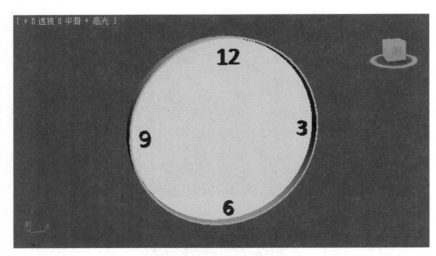

图5-37　添加数字

（4）制作钟指针轴。使用【切角圆柱体】工具，在表面中央拉出一个切角圆柱体，如图5-38所示。

图5-38　制作钟指针轴

（5）制作钟的指针。

a. 切换到前视图，放大到全屏，使用【线】工具拉出表针的一侧轮廓，并对顶点和线条作一定调整，如图5-39（a）所示。

b. 点击工具栏的【镜像】按钮，在弹出的对话框内选中"X"轴、"克隆当前选择"—"复制"，然后调节偏移量使指针的左右两边完全重合，如图5-39（b）所示。

c. 选中指针的其中一边，切换到修改面板，点击【附加】按钮，然后再点击另一边，使两个边合成一个对象。

d. 在修改面板内切换到"点"编辑级别，同时选中指针底部的连接位置的两个点，在修改面板的"几何体"卷栏内找到【焊接】按钮，把旁边输入框内的值调大到500，然后点击【焊接】按钮，把两个重合的点合成一个。使用同样的方法把指针顶部的点也合并成一个。

如图5-39（c）所示。

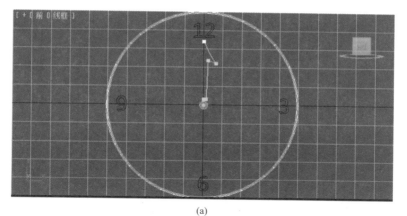

(a)

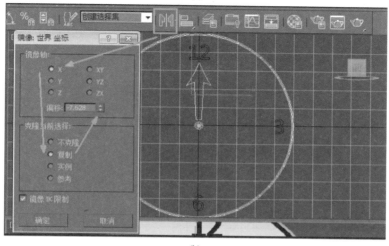

(b)

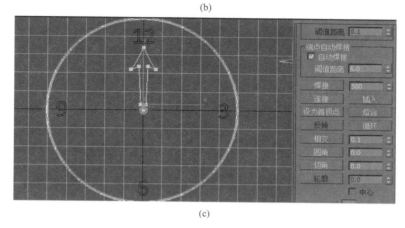

(c)

图5-39　制作钟的指针1

　　e. 取消"点"编辑级别，使用【圆】工具在中心的位置画一个圆作为指针套在轴上的圆环。然后点击指针，在修改面板内点击"附加"按钮，然后点击新画的圆，使两个部分合成一个对象。如图5-40（a）所示。

f. 附加完成之后，切换到【样条线】层级，在"几何体"卷栏内找到【布尔】按钮，确认旁边的"并集"按钮按下，然后鼠标左键选中指针轮廓线，点击【布尔】按钮，然后再点击圆环轮廓线，完成两个形状的布尔合并操作，如图5-40（b）所示。

g. 退出【样条线】层级，添加一个【挤出】修改器，把"数量"设为0.1，完成指针的创建。如图5-40（c）所示。

h. 制作时针。把指针的旋转轴移动到表针轴的中心位置，然后通过旋转复制的方式作出第二个表针，并且缩放到合适的大小。如图5-40（c）所示

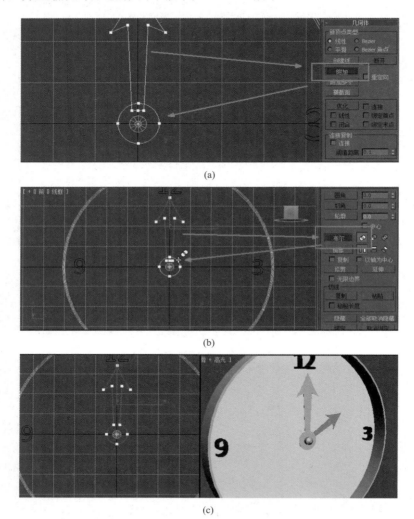

（a）

（b）

（c）

图5-40　制作钟的指针2

（6）制作钟面。

a. 在顶视图内把作为底盘的圆面复制一份，移动到钟面上。切换到【多边形】层级，并且选中这个面，此时圆面呈大红色，如图5-41（a）所示。

b. 在【修改】面板的【编辑几何体】卷栏内找到【细化】按钮，点击旁边的【设置】按钮，会弹出一个对话框，在对话框内点击两次【应用】按钮，使圆面产生多个龟裂的小平

面。点击【确定】按钮退出对话框。如图5-41（b）所示。

　　c. 保持【多边形】编辑层级的选中状态，在【修改器列表】内找到【FFD3×3×3】修改器，点击添加该修改器。

　　d. 在【修改器堆栈】内，选中【FFD3×3×3】修改器条目下的【控制点】条目。然后在前视图内选中所有中心点，并在顶视图内沿Y轴下拉，使圆面拱起形成钟面。如图5-41（c）所示。

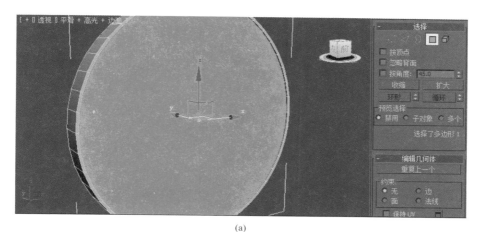

(a)

(b)

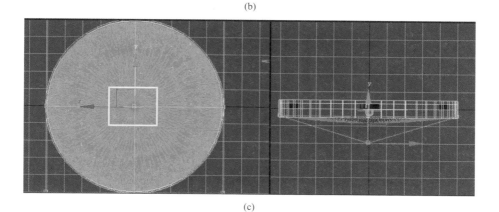

(c)

图5-41　制作钟面

（7）把钟面赋予透明材质，最终效果如图5-42所示。

图5-42　挂钟最终效果

本章小结

　　本章主要讲述了如何利用修改器进行建模。可以看出利用修改器组合使用，可以快速创建复杂的模型。由于修改器种类较多，限于篇幅本书不可能逐一介绍，但本章已经介绍几个比较典型的修改器的使用，读者可以自行练习，发掘其他修改器的用途。

课后练习

　　1．练习制作牌匾。
　　2．练习制作圆形鱼缸。
　　3．练习制作立式台灯。

第6章
创建复合对象和NURBS对象建模

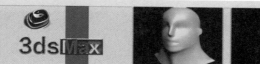

本章将学习相对复杂一点的建模方法，它们分别是复合对象建模、布尔运算建模和NURBS对象建模。

6.1 复合对象简介

复合对象是指将已有的对象进行复合，构成新的对象。在3ds Max 2010中，用户可以通过复合对象创建命令面板中的【变形】、【散布】、【一致】、【连接】、【水滴网格】、【图形合并】、【布尔】、【放样】等命令来创建复合对象。如图6-1所示。

本章将重点讲解比较常用的【放样】、【布尔】运算两种复合对象的使用。

6.2 放样建模

6.2.1 放样建模简介

放样能够使二维图形沿一定的路径转换生成三维实体，它是一种复杂的建模方法，而且具有强大的对生成的物体进行调整的功能。

图6-1 "复合对象"创建面板

6.2.2 放样的基本概念

放样是指将两个或两个以上的二维图形通过一定的方法构成三维实体。放样的必要条件是有两个或两个以上的二维图形，一个作为放样路径，一个作为放样截面。放样的路径可以是线，也可以是封闭的二维图形，但放样的路径必须是唯一的；放样的截面可以是线，也可以是封闭的二维图形，而且截面的数量可以是一个，也可以是多个。

6.2.3 放样的基本过程

放样物体的生成过程是先绘制出物体截面，再绘制路径，然后利用放样命令生成物体。下面结合实例进行介绍。

（1）选择 ⑤ 右侧的小三角下拉菜单中的 ↻ 命令，重新设置系统。

（2）单击"创建"按钮 ，进入创建命令面板，单击"图形"按钮 ，进入图形创建命令面板，单击 矩形 按钮，在顶视图中创建一个矩形，如图6-2所示。

（3）单击 线 按钮，按住"Shift"键在前视图中创建一条直线，并命名为Line01，如图6-3所示。

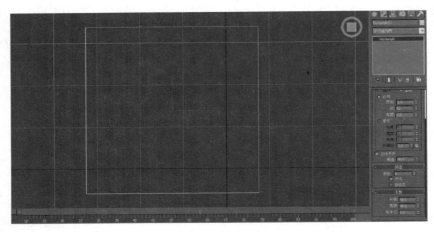

图6-2 创建矩形

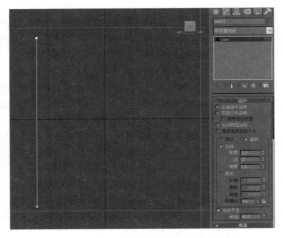

图6-3 创建直线Line01

（4）单击"创建"按钮 ，进入创建命令面板，单击"几何体"按钮 ，在几何体创建命令面板中选择 标准基本体 下拉列表中的 复合对象 选项。

（5）在前视图中选择直线Line01，单击 放样 按钮，进入放样属性面板，如图6-4

所示。

（6）单击 创建方法 卷栏中的 获取图形 按钮，在顶视图中拾取矩形，效果如图6-5所示。

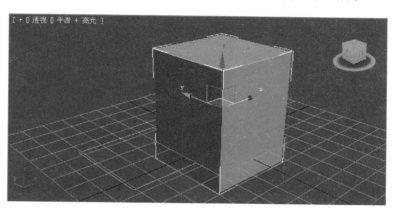

图6-4　放样属性面板　　　　　　　　　　图6-5　矩形作为放样图形时的放样效果

（7）若以矩形作为放样路径，则可以单击 创建方法 按钮卷栏中的 获取路径 按钮，在顶视图中拾取矩形，效果如图6-6所示。

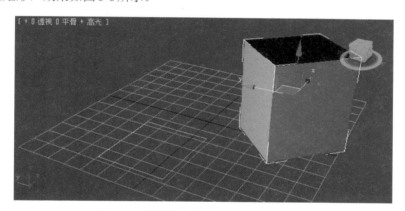

图6-6　矩形作为放样路径时的放样效果

放样属性面板中各常用参数说明如下。

【创建方法】：其中包含了"移动""复制"和"实例"3个选项，选择"实例"方式，在以后修改放样物体时可直接修改其关联复制的物体。

【路径参数】：控制截面在路径上的位置。

【蒙皮参数】：直接影响物体的生成，对以后的修改有很大的影响。

【图形步数】：设置图形截面定点间步幅数，直接影响横向光滑度。

【路径步数】：设置路径定点间步幅数，直接影响纵向光滑度。

【优化图形】：优化物体纵向光滑度，不受步数限制。

【自适应路径步数】：优化物体横向光滑度，不受步数限制。

【轮廓】：使截面图形自动更正自身角度，得到正常图形。

6.2.4　多截面放样

多截面放样是指将多个图形截面沿同一条路径进行放样。下面结合实例对其进行介绍。

（1）单击"创建"按钮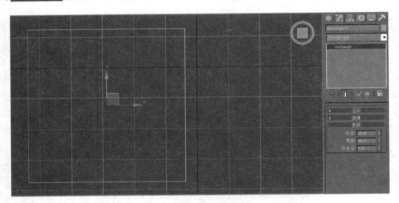，进入创建命令面板，单击"图形"按钮，进入图形创建命令面板，单击 矩形 按钮，在顶视图中创建一个矩形，如图6-7所示。

图6-7　创建矩形

（2）单击 星形 按钮，在顶视图中创建星形，并将其移动至如图6-8所示的位置。

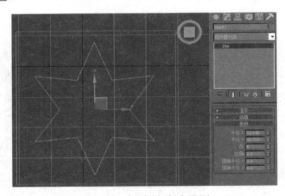

图6-8　创建并移动星形

（3）单击 线 按钮，在前视图中创建一条直线，如图6-9所示。

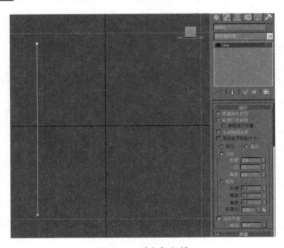

图6-9　创建直线

（4）单击"创建"按钮 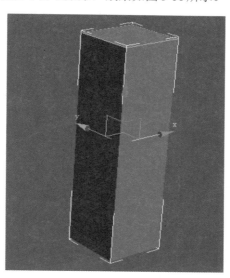，进入创建命令面板，单击"几何体"按钮，进入几何体创建命令面板，选择 标准基本体 下拉列表中的 复合对象 选项。

（5）在视图中选中直线，单击 放样 按钮，打开放样属性面板，单击 创建方法 卷栏中的 获取图形 按钮，然后在顶视图中拾取矩形，效果如图6-10所示。

图6-10　拾取矩形时的放样效果

（6）在 路径参数 卷栏中的 路径 0.0 微调框中输入10并按"Enter"键，然后单击 创建方法 卷栏中的 获取图形 按钮，在顶视图中拾取矩形。

（7）在 路径参数 卷栏中的 路径 0.0 微调框中输入12并按"Enter"键，然后单击 创建方法 卷栏中的 获取图形 按钮，在顶视图中拾取星形，效果如图6-11所示。

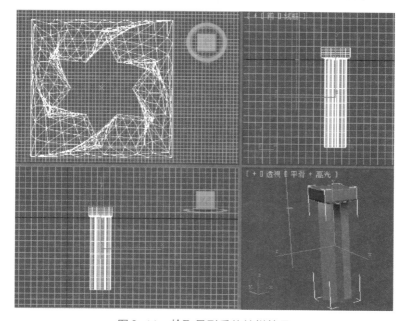

图6-11　拾取星形后的放样效果

（8）在 路径: 0.0 微调框中输入90并按"Enter"键，然后单击 创建方法 卷栏中的 获取图形 按钮，在顶视图中拾取星形。

（9）在 路径: 0.0 微调框中输入92并按"Enter"键，然后单击 创建方法 卷栏中的 获取图形 按钮，在顶视图中拾取矩形。单击鼠标右键结束放样，效果如图6-12所示。

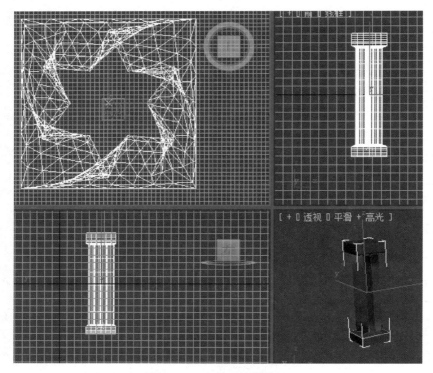

图6-12　多截面放样效果

6.2.5　高级变形

在放样属性面板中的 变形 卷栏中包含了5种变形方法，下面对其进行说明。

【缩放】：对物体在路径X、Y轴上进行缩放变形。

【扭曲】：对物体在路径X、Y轴上进行扭曲变形。

【倾斜】：改变放样物体在路径始末端的倾斜度。

【倒角】：使物体产生倒角效果，多用于物体路径的两端。缺点是容易在物体狭窄的拐弯处产生尖锐的放射顶点，形成破坏性表面。

【拟和】：在路径X、Y轴上进行三视图拟和放样，它是对放样法最有效的补充，可以同时在两个轴上做拟和，也可以在某个轴上单独做拟和。

6.2.6　复合对象建模综合实训：制作旋转花纹香水瓶

（1）首先创建瓶身截面轮廓样条线。在命令面板内，切换到【创建】—【图形】—【样条线】面板，点击【星形】按钮，在用户视图内创建一个星形。调节参数如下："半径1"设为20，"半径2"设为23，"点"设为32，把"圆角半径1"和"圆角半径2"都设为2，如图6-13所示。

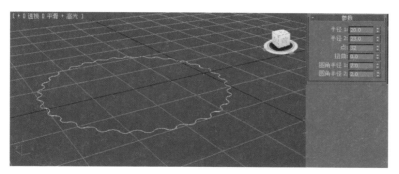

图6-13　创建星形

（2）使用【圆】工具创建香水瓶瓶盖轮廓样条线。使用【线】工具创建垂直于地面的香水瓶轴线。如图6-14所示。

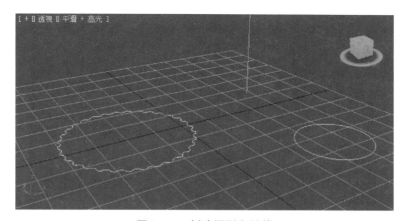

图6-14　创建圆形和轴线

（3）创建放样对象。首先点击"星形"样条线使其处于选中状态，在命令面板内，切换到【创建】—【几何体】—【复合对象】面板，点击【放样】按钮。此时放样对象已经建立，但还需要进行一些操作完成创建。点击"创建方法"卷栏内的【获取路径】按钮，然后再点击"直线"样条线；在"路径参数"卷栏内把"路径"设为100，然后点击【获取图形】按钮，再点击圆形。这样就完成了香水瓶雏形的创建，如图6-15所示。

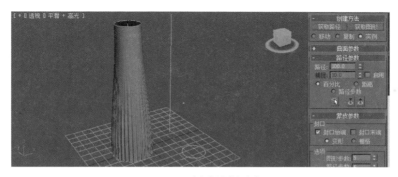

图6-15　创建放样对象

（4）调整瓶体形状。保持放样对象选中，切换到【修改】面板。在下方的"变形"卷栏内点击【缩放】按钮，在弹出的对话框内可对放样对象轴线上截面的大小进行调整。其中，【创建角点】（※）按钮可以创建顶点；【移动控制点】（⊕）按钮可移动顶点；右键点击可在弹出框内把顶点设为"Bezier角点"等类型。在这个面板内可以用类似调节样条线的方法进行调节，把曲线调节为如图6-16所示，香水瓶的大体形状就出来了。

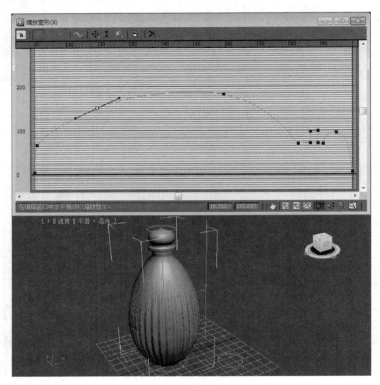

图6-16　调节缩放变形

（5）增加螺纹。继续在"变形"卷栏内点击【扭曲】按钮，在弹出的对话框内可对放样对象轴线上截面的旋转角度进行调整。调整方法与【缩放】对话框类似，调整曲线如图6-17所示。

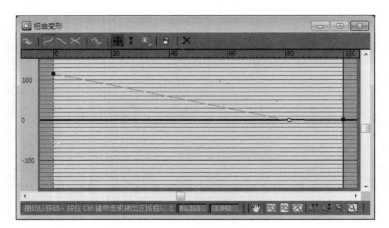

图6-17　调节扭曲变形

（6）至此一个旋转条纹的香水瓶就完成了，最终效果如图6-18所示。

图6-18　香水瓶最终效果

6.3　布尔运算建模

6.3.1　布尔运算建模简介

布尔运算建模是指将两个以上的物体进行交集、并集、差集和切割运算以产生一个新的物体，其中切割运算中又有4种不同的方式。下面对布尔运算建模的各种方法分别进行介绍。

6.3.2　并集

（1）选择菜单栏中的 ↶▪ 命令，重新设置系统。

（2）单击"创建"按钮 ⚙ ，进入创建命令面板，单击"图形"按钮 ◯ ，进入图形创建命令面板，单击 球体 按钮，在顶视图中创建两个球体，并将其移动至如图6-19所示的位置。

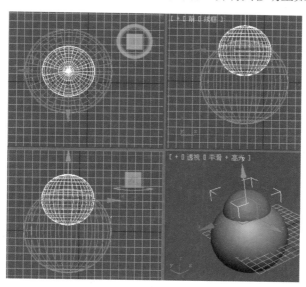

图6-19　创建并移动球体

（3）单击"创建"按钮 ⚙ ，进入创建命令面板，单击"图形"按钮 ◯ ，进入图形创建命令面板，选择 标准基本体 下拉列表中的 复合对象 选项。

（4）单击 布尔 按钮，在参数卷栏中选中 操作 参数设置区中的 ⊙并集 单选按钮，单击 拾取布尔 卷栏中的 拾取操作对象B 按钮，在顶视图中拾取球体，此时两个物体结合成一个物体，去掉了两个物体的重合部分，效果如图6-20所示。

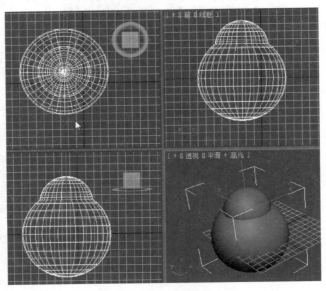

图6-20　布尔并集运算效果

6.3.3　交集

（1）单击工具栏中的"撤销"按钮，返回到上面并集运算中的第（3）步。

（2）其他操作与并集运算相同，在参数卷栏中选中 操作 参数设置区中的 ⊙交集 单选按钮，则交集运算效果如图6-21所示。

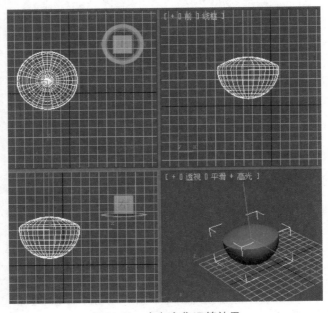

图6-21　布尔交集运算效果

6.3.4 差集

差集运算包括布尔差集（A-B）运算和布尔差集（B-A）运算，下面分别对其进行介绍。

（1）布尔差集（A-B）运算

① 单击工具栏中的"撤销"按钮 ，返回到上面并集运算中的第（3）步。

② 其他操作与并集运算相同，在参数卷栏中选中 操作 参数设置区中的 差集(A-B) 单选按钮，则布尔差集（A-B）运算效果如图6-22所示。

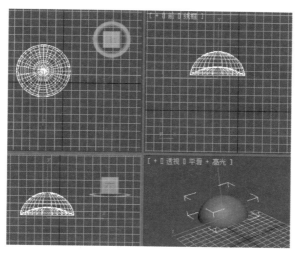

图6-22 布尔差集（A-B）运算效果

（2）布尔差集（B-A）运算

① 单击工具栏中的"撤销"按钮 ，返回到上面并集运算中的第（3）步。

② 其他操作与并集运算相同，在参数卷栏中选中 操作 参数设置区中的 差集(B-A) 单选按钮，则布尔差集（B-A）运算效果如图6-23所示。

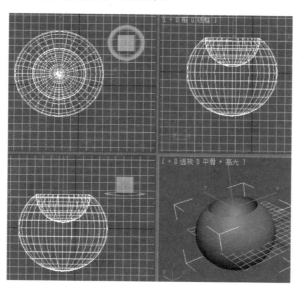

图6-23 布尔差集（B-A）运算效果

6.3.5 切割

切割是指将运算物体B的表面图形作为切割平面，用切割平面与物体A的相交截面来改变运算物体A。下面对切割的4种方式分别进行介绍。

（1）优化

选中优化 ○ 优化 单选按钮时，可以为运算物体A添加运算物体A与运算物体B的截面节点和边。

① 单击工具栏中的"撤销"按钮 ，返回到上面并集运算中的第（3）步。

② 其他操作与并集运算相同，在参数卷栏中选中 操作 参数设置区中的 ○ 优化 单选按钮，则优化切割效果如图6-24所示。

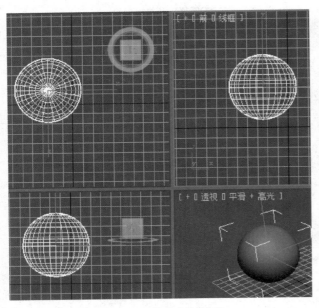

图6-24 优化切割效果

（2）分割

选中 ○ 分割 单选按钮时，可以在运算物体A和运算物体B的截面处添加节点和边。

① 单击工具栏中的"撤销"按钮 ，返回到上面并集运算中的第（3）步。

② 其他操作与并集运算相同，在参数卷栏中选中 操作 参数设置区中的 ○ 分割 单选按钮，则分割切割效果如图6-25所示。

（3）移除内部

选中 移除内部 单选按钮时，可以在运算物体A和运算物体B的截面处添加节点和边。

① 单击工具栏中的"撤销"按钮 ，返回到上面并集运算中的第（3）步。

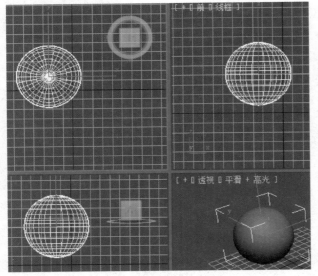

图6-25 分割切割效果

② 其他操作与并集运算相同，在参数卷栏中选中 操作 参数设置区中的 ● 移除内部 单选按钮，则移除内部切割效果如图6-26所示。

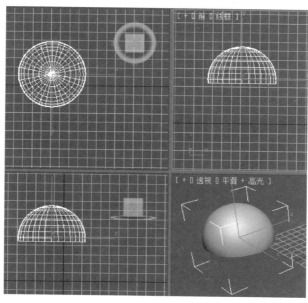

图6-26　移除内部切割效果

（4）移除外部

选中 ● 移除外部 单选按钮时，可以在运算物体A和运算物体B的截面处添加节点和边。

① 单击工具栏中的"撤销"按钮 ，返回到上面并集运算中的第（3）步。

② 其他操作与并集运算相同，在参数卷栏中选中 操作 参数设置区中的 ● 移除外部 单选按钮，则移除外部切割效果如图6-27所示。

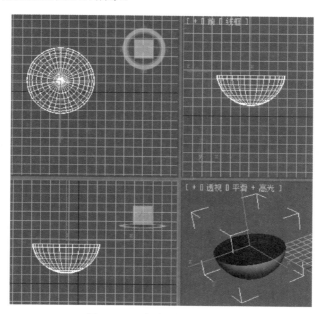

图6-27　移除外部切割效果

6.3.6 布尔运算建模综合实训：制作万圣节南瓜头

（1）制作外形雏形。在命令面板内，切换到【创建】—【几何体】—【标准基本体】面板，点击【球体】按钮，在顶视图内创建一个球体。把球体的半径设置为50，分段设置为10，如图6-28所示。

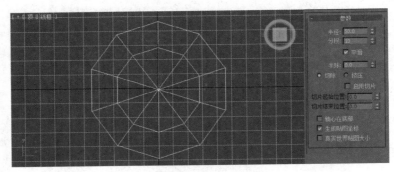

图6-28 创建球体

（2）把球体转换为【可编辑多边形】，在修改面板内切换到"点"编辑级别。在顶视图内选择两个中心点，在前视图内使用缩放工具把上下两个顶点向中心拖动，如图6-29所示。

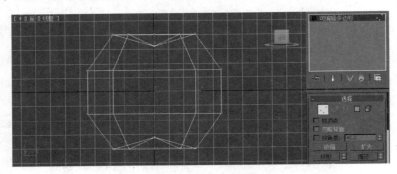

图6-29 调整顶点位置

（3）保持上下两个顶点选中，在【修改】面板内的"编辑顶点"卷栏下找到"切角"按钮，点击该按钮旁的■按钮。在弹出对话框内把切角量设为6，点击确定，如图6-30所示。

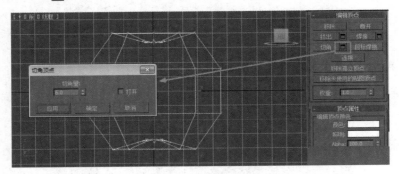

图6-30 应用切角工具

（4）在【修改面板】内切换到【边】（■）编辑级别，选择所有竖向的边。操作方法：

选中其中一条竖向边，如图6-31（a）所示；然后点击"选择"卷栏内的【环形】按钮，使横向环形的线都被选中，如图6-31（b）所示；然后再点击"选择"卷栏内的【循环】按钮，使纵向循环的线都被选中，如图6-31（c）所示。

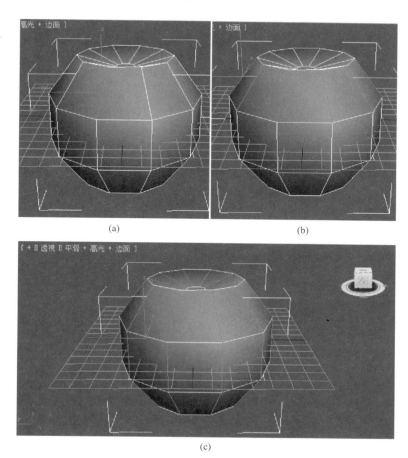

(a)　　　　　　　　　(b)

(c)

图6-31　选择所有竖向边

（5）保持竖向边的选中状态，找到【修改】面板下方"编辑边"卷栏的【切角】按钮，点击该按钮旁的□按钮。在弹出的对话框内设置切角量为1.5，点击确定，如图6-32所示。

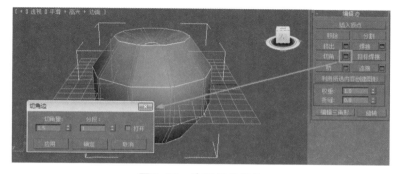

图6-32　应用切角工具

（6）继续在【修改面板】内切换到【多边形】（▢）编辑级别，利用【Alt+鼠标中间】进行旋转，利用【Ctrl+鼠标左键】连续选择所有大面积的多边形。如图6-33所示。

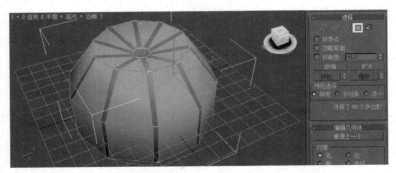

图6-33 选中多边形

（7）保持多边形的选中状态，找到【修改】面板下方"编辑多边形"卷栏的【挤出】按钮，点击该按钮旁的▢按钮。在弹出的对话框内设置"挤出高度"为4，"挤出类型"为"局部法线"，点击确定，如图6-34所示。

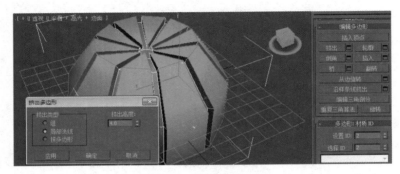

图6-34 应用挤出工具

（8）退出【多边形】编辑级别，在【修改】面板内的【修改器列表】内找到【网格平滑】修改器并点击，设置【迭代次数】为2，如图6-35所示。

图6-35 应用网格平滑修改器

（9）至此南瓜外形已经完成，观察一下，如果对尺寸和颜色不满意可以进一步调整。下面来制作镂空的眼睛和嘴巴。使用【线】工具在前视图画出眼睛，鼻子和嘴巴的轮廓，并把它们合并成一个对象。如图6-36所示。

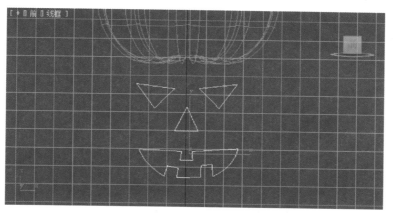

图6-36　画出五官轮廓

（10）在正视图内把五官移动到位，在【修改器列表】内找到【挤出】修改器并点击，在"参数"卷栏内修改【数量】为40，如图6-37所示。

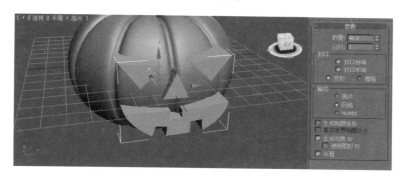

图6-37　应用挤出修改器

（11）选择南瓜，在【修改器列表】找到【壳】修改器并点击，在"参数"卷栏内设置【内部量】为2，制作出南瓜的厚度。保持南瓜在选中状态，在命令面板中切换到【创建】—【几何体】—【复合对象】，点击【布尔】按钮，点击【拾取操作对象B】之后再点击五官对象，进行布尔运算，得到结果如图6-38所示的万圣节南瓜模型。

图6-38　创建布尔复合对象

（12）万圣节南瓜最终效果如图6-39所示。

图6-39　万圣节南瓜最终效果

6.4　NURBS对象建模

6.4.1　NURBS对象简介

NURBS曲线和曲面不存在于传统绘图世界中，术语"NURBS"表示"非均匀有理数B-样条线"，"非均匀"表示控制顶点的范围可以改变，"曲线"和"曲面"表示3D建模空间中的轮廓或形状。它们是使用计算机特别为3D建模而创建的，NURBS对象建模适合于创建一些复杂的、不规则的曲面。

NURBS对象包括NURBS曲面和NURBS曲线两种。NURBS曲面包括"点曲面"和"CV曲面"。NURBS曲线包括"点曲线"和"CV曲线"。

6.4.2　点曲面

【点曲面】用点来控制模型的形状，每个点始终位于曲面的表面。在命令面板中切换到【创建】—【几何体】—【NURBS曲面】面板，然后点击【点曲面】按钮，可在视图内点击并拖动创建点曲面。创建时可修改【长度】、【宽度】、【长度点数】、【宽度点数】几个参数来确定点曲面的大小和点的密度；创建之后切换到编辑面板，可在各个编辑层级上对曲面进行修改。如图6-40所示。

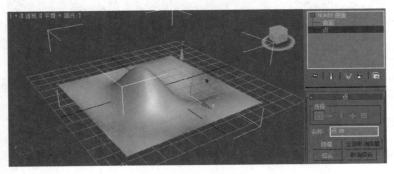

图6-40　点曲面

6.4.3 CV曲面

【CV曲面】用控制顶点（CV）来控制模型的形状，CV形成围绕曲面的控制晶格，而不是位于曲面表面的。在命令面板中切换到【创建】—【几何体】—【NURBS曲面】面板，然后点击【CV曲面】按钮，可在视图内点击并拖动创建CV曲面。创建时可修改【长度】、【宽度】、【长度CV数】、【宽度CV数】几个参数来确定CV曲面的大小和CV的密度；创建之后切换到编辑面板，可在各个编辑层级上对曲面进行修改。如图6-41所示。

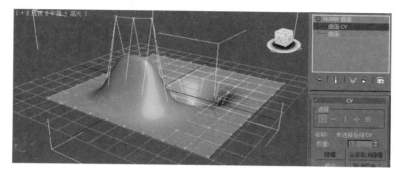

图6-41　CV曲面

6.4.4 点曲线

【点曲线】用点来控制曲线的形状，每个点始终位于曲线上。在命令面板中切换到【创建】—【图形】—【NURBS曲线】面板，然后点击【点曲线】按钮，可在视图内连续点击创建点曲线。创建之后切换到编辑面板，可在各个编辑层级上对曲线进行修改。如图6-42所示。

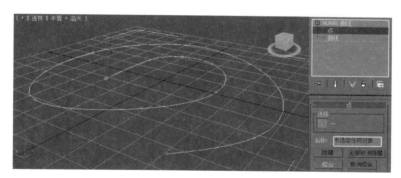

图6-42　点曲线

6.4.5 CV曲线

【CV曲线】用控制顶点（CV）来控制曲线的形状，CV形成围绕曲线的控制点，而不是位于曲线上。在命令面板中切换到【创建】—【图形】—【NURBS曲线】面板，然后点击【CV曲线】按钮，可在视图内连续点击创建CV曲线。创建之后切换到编辑面板，可在各个编辑层级上对曲线进行修改。如图6-43所示，白色为所创建的CV曲线，黄色为CV点连接而成的CV控制线。

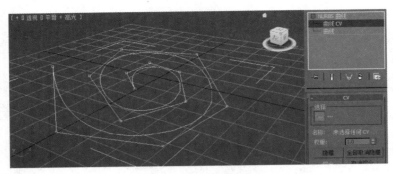

图6-43　CV曲线

　　在编辑任何一种NURBS对象时，都可点击控制面板上的 ■ 按钮打开NURBS创建工具箱对话框，如图6-44所示。工具箱中包含用于创建和修改NURBS对象的所有工具，分为"点""曲线"和"曲面"三个功能区。

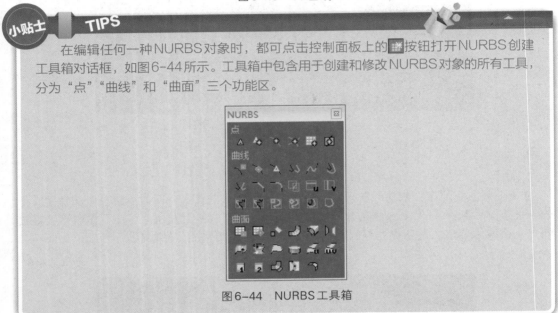

图6-44　NURBS工具箱

6.4.6　NURBS对象建模综合实训1：制作抱枕

　　（1）使用"CV曲面"工具在场景中创建一个CV曲面，在"创建参数"卷栏内做如下设置：把"长度"和"宽度"都设为0.01，"长度CV数"和"宽度CV数"都设为4。如图6-45所示。

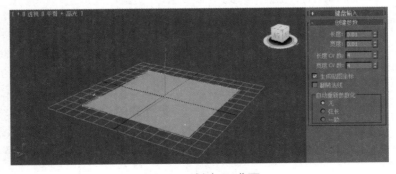

图6-45　创建CV曲面

（2）切换到【修改】面板，进入【曲面CV】编辑层级，在顶视图和用户视图中调整四个CV点的位置，如图6-46所示。

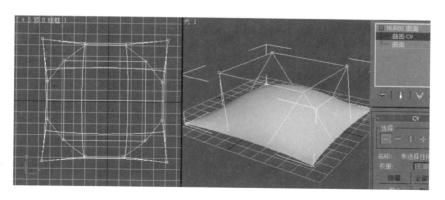

图6-46　调整曲面CV

（3）退出【曲面CV】的编辑层级。然后为模型添加一个【对称】修改器，然后在【修改】面板下方的【参数】卷栏下设置"镜像轴"为Z轴，打开"沿镜像轴切片"选项，设置"阈值"为2.5，如图6-47（a）所示。再为模型添加一个【网格平滑】修改器，修改【迭代次数】为2，如图6-47（b）所示。

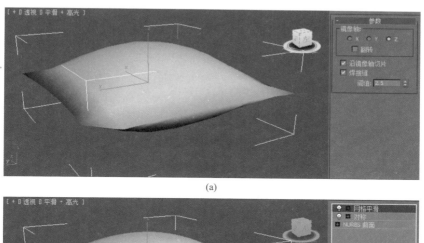

(a)

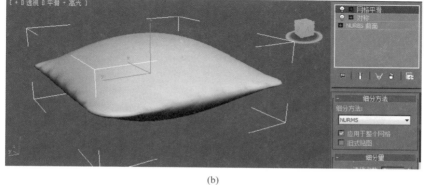

(b)

图6-47　应用对称和网格平滑

（4）最终效果如图6-48所示。

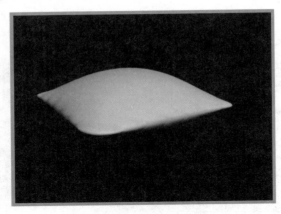

图6-48 抱枕最终效果

6.4.7 NURBS对象建模综合实训2：制作苹果

（1）使用"CV曲线"工具在前视图中创建一个CV曲线作为苹果的剖面。如图6-49所示。

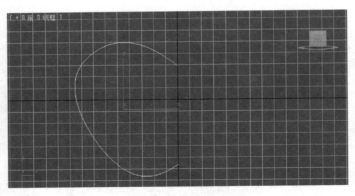

图6-49 苹果轮廓

（2）切换到【修改】面板，点击■按钮打开【NURBS工具箱】。点击【创建车削曲面】（■）按钮，然后再点击苹果剖面，然后再点击【修改】面板内的【Y方向】按钮，产生围绕Y方向的车削造型，然后再点击【最大】按钮调整造型。如图6-50所示。

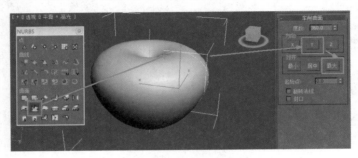

图6-50 创建车削曲面

（3）创建苹果柄部分。使用NURBS【点曲线】工具在顶视图画一个圆形，并在左视图内调整到位于苹果顶的位置。然后用复制的方式复制出4个圆形，并调整其大小成逐步变大的状态，最后把它们都附加到一起，如图6-51所示。

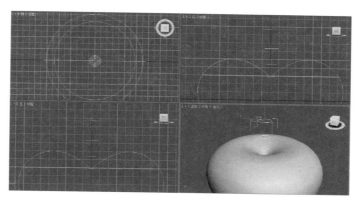

图6-51　画出多个圆形

（4）在【NURBS工具箱】内点击【创建U向放样曲面】（▨）按钮，依次由上到下点击刚才创建的圆形，拾取完毕之后点击鼠标右键结束创建。如图6-52所示。

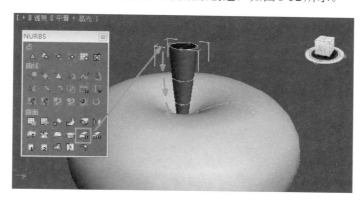

图6-52　创建U向放样曲面

（5）继续在【NURBS工具箱】内点击【创建封口曲面】（▨）按钮，然后点击最顶端的原型产生一个封口。如果封口反转了，可激活【修改】面板内的【反转法线】选项。如图6-53所示。

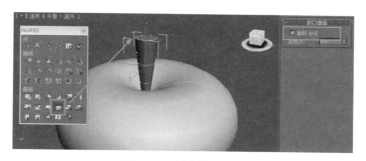

图6-53　创建封口曲面

（6）创建出苹果柄曲面之后，还可以切换到【修改】面板里面的【点】编辑级别继续调整原来四个横截面原型的位置和旋转角度，让其自然一些，如图6-54所示。

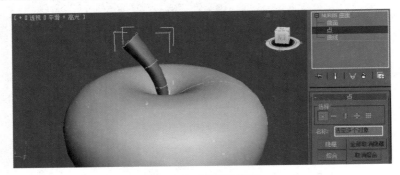

图6-54　调整苹果柄

（7）最终效果如图6-55所示。

图6-55　苹果最终效果

本章小结

本章主要讲述了如何利用复合对象模型和曲面来创建复杂的模型。随着功能越来越强大，所使用的操作也变得没那么直观，读者在学习的时候需要反复练习。

课后练习

1.练习制作罗马柱。

2.练习制作骰子。

3.练习制作一次成型的塑料板凳。

第7章
多边形建模

7.1 多边形建模简介

3ds Max 多边形建模是当今 3ds Max 主流的建模方式，被广泛地应用到游戏角色、影视、工业造型、室内外装修等模型制作当中。多边形建模的方法比较容易理解，非常适合初学者学习，并且在建模的过程中使用者有更多的想象空间和可修改余地。

在本节内先简单地介绍一下多边形建模的常用命令，让读者了解基本的操作方法。

7.1.1 多边形对象的生成

多边形对象不是创建出来的，是由其他物体转换出来的。生成多边形对象的方法主要有以下4种。

（1）在物体上点击鼠标右键，然后在弹出的上下文菜单中选择【转换为】—【转换为可编辑多边形】，如图7-1所示。

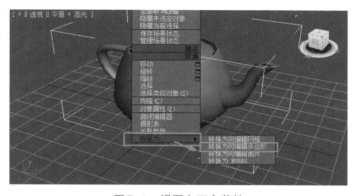

图 7-1　视图上下文菜单

（2）为物体加载编辑多边形修改器，如图7-2所示。

（3）在【修改器堆栈】中选中物体，然后单击鼠标右键，在弹出的上下文菜单中选择【可编辑多边形】，如图7-3所示。

（4）选中物体，然后在"石墨建模工具"工具栏中选中【石墨建模工具】—【多边形建模】，然后在弹出的菜单中选择【转化为多边形】，如图7-4所示

图7-2　添加编辑多边形修改器

图7-3　修改器堆栈上下文菜单

图7-4　石墨建模工具

7.1.2　多边形的次物体级别以及选择

当物体变成可编辑多边形对象之后，可以看到【编辑】面板发生了变化，此时可以对多边形物体里面的点、线、面进行独立编辑来达到修改模型的目的。这里的点、线、面称为次物体，它们包括【顶点】（▉）、【边】（◢）、【边界】（◗）、【多边形】（▢）和【元素】（回）。

但进入次物体级别之后，编辑对象的数量会变得非常庞大，如果使用简单的鼠标点选来操作会变得非常繁琐而且不准确，3ds Max为用户提供了多种批量选取次物体对象的方法，列出如下。

【按顶点】：在"顶点"级别外的4个级别才能使用，启用该项之后，点击某个顶点，所有跟这个顶点相连的次物体都会被选中。

【忽略背面】：在使用框选选择的时候，一般情况下会将背面的次物体一起选中，如果勾选此项，再选择时只会选择可见的表面，而背面不会被选择。

【按角度】：启用该选项后，所有与所选中【多边形】在指定角度之内都会被选中。

【收缩/扩大】：点击【收缩】按钮可使在当前选中范围内向内减少一圈。点击【扩大】按钮则效果相反。

【环形】：点击该按钮后可自动选择与当前选中对象平行的所有其他对象。

【循环】：点击该按钮后可自动选择与当前选中对象垂直的所有其他对象。

【软选择】：启用软选择后，对选中对象进行变换操作的时候，周边的对象也会同时受到影响，影响的强弱受"衰减""收缩""膨胀"等参数影响。

次物体被选中后，可直接对其进行最基本的【移动】、【旋转】、【缩放】等操作，跟操作普通的物体对象一样，在此不一一演示。下面对多边形建模过程中使用频率较高的操作进行讲解。

小贴士 **TIPS**

进入多边形的次物体编辑级别之后，用户的操作会被锁定在当前物体内，必须退出次物体级别的编辑状态，才能选中其他物体进行编辑。

7.1.3 合并和分离

【合并】：这个命令可以将其他的物体合并到当前的多边形中，变为原有多边形中的一个部分，同时它也继承了多边形的一切属性和可编辑性。具体操作：进入多边形对象的【编辑】面板，点击【合并】按钮使其变为按下状态，再用鼠标点击其他对象即完成操作，可连续点击多个，如图7-5所示。

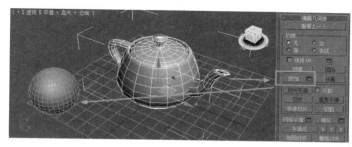

图7-5 合并

【分离】：该命令的作用是将选择部分从当前多边形中分离出去。分离有两种方式。既可以分离为当前多边形的一个元素，也可以分离为一个单独的物体（如果分离为一个单独的物体需要被重新命名）。具体操作：选中多边形对象的元素或者次物体，点击【分离】按钮，在弹出的对话框内选择是否"分离到元素"或填入新对象的名称，点击确定完成分离，如图7-6所示。

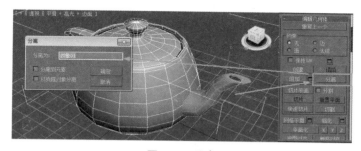

图7-6 分离

7.1.4 多边形建模中的点操作

【删除】：在多边形编辑过程中有两种删除状态：一种是当用户删除了一些点的时候，那么包含这些点的面都会因失去基础而消失，这样就产生了漏洞，这种删除只要选择好子物体后按下键盘上的Del键就可完成，如图7-7（a）所示。另一种就是当删除一些点时，包含这些点的面不会消失，而是会把基础转移到与删除的点邻近的点上，所以不会出现漏洞；这个命令适用于【点】和【边】层级，使用键盘上的Backspace键来完成，或点击"编辑顶点"

卷栏内的【移除】，如图7-7（b）所示。

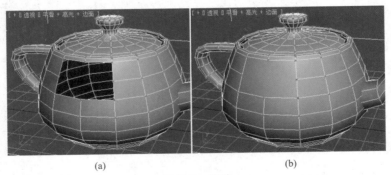

(a)　　　　　　　　　　　　　　　　(b)

图7-7　删除

　　【断开/焊接】：这个命令可以将选中的点分解为几个点，断开前此点连着几条边，打断后就分解为相应数目的点。具体操作：切换到【点】编辑级别，点选中一个顶点，点击"编辑顶点"卷栏内的【断开】按钮即可，它只适用于点层级，断开后的顶点可以分别挪开，如图7-8所示。类似地，选择多个顶点之后点击【焊接】按钮，可以把多个顶点合并成一个顶点，点击旁边的■按钮可在弹出的对话框里面设置焊接的捕捉范围。

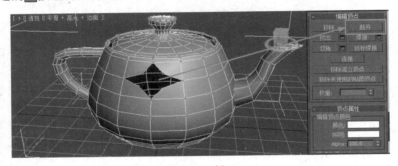

图7-8　断开

7.1.5　多边形建模中的多边形操作

　　【挤出】：这个操作会使选中的多边形向外推出，效果与挤出修改器类似。进入【多边形】编辑层级，任意选择一些面，在"编辑多边形"卷栏内找到【挤出】按钮，点击该按钮旁边的■按钮，会弹出挤压参数调节对话框，同时也可看到视图中面的挤压效果，如图7-9所示。挤压选项描述如下。

图7-9　挤出

"挤出类型—组"：以选择的面组合的法线方向进行挤压；

"挤出类型—局部法线"：局部法线以选择的面的自身法线方向进行挤压。

"挤出类型—按多边形"：对选择的面单独将每个面沿自身法线方向进行挤压操作。

"挤出高度"：定义挤出表面的高度。

【倒角】：这个操作与【挤出】操作基本一致，多了一个倒角参数的设置，在实际应用中可以多次应用不同倒角值来进行倒角挤出产生造型。如图 7-10 所示。

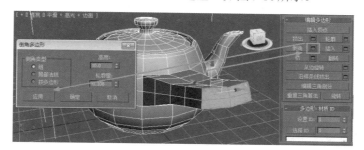

图 7-10　倒角

【插入】：这个操作会使选中的多边形沿表面内缩，多出来的空间会插入新的多边形。进入【多边形】编辑层级，任意选择一些面，在"编辑多边形"卷栏内找到【插入】按钮，点击该按钮旁边的■按钮，会弹出插入参数调节对话框，同时也可看到视图中面的插入效果，如图 7-11 所示。插入选项描述如下。

"插入类型—组"：以选择的面组合的整体插入操作。

"插入类型—按多边形"：对选择的面单独将每个面进行插入操作。

"插入量"：定义插入的深度。

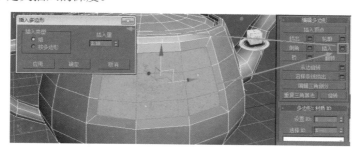

图 7-11　插入

【轮廓】：这个操作与插入类似，也会使选中的多边形沿表面内缩，不过区别在于并不插入新的多边形到多出来的空间，而是让旁边的多边形直接延伸进来。如图 7-12 所示。

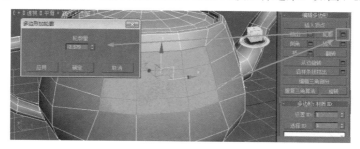

图 7-12　轮廓

7.1.6 多边形中的边操作

【切片平面】：可以通过切片的方式创建新的边。具体操作：点击【切片平面】按钮，会出现一个平面，把平面移动到合适的位置，点击【切片】按钮，会在切片平面与该物体相交的位置产生一圈边，如图7-13所示。

【快速切片】：点击该按钮之后，在视图内任意画出一条直线，会以这条直线为基础生成一个垂直于视角的平面，在该平面与物体相交的位置产生一圈边。

【切割】：点击该按钮后，可以任意在物体的表面上画出新的边。

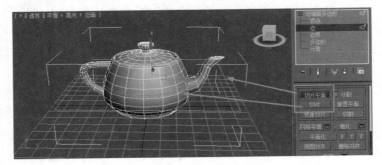

图7-13 切片平面

【挤出】：边的挤出操作与多边形的挤出类似，选中的边应用基础操作之后会向外突出。可在弹出的挤出对话框内调节"挤出高度"和"挤出基面宽度"，如图7-14所示。

图7-14 边的挤出

【切角】：这个操作会使选中的边分开变成两条边形成切角，可以在弹出的对话框内调节"切角量"和"分段"数，如图7-15所示。

图7-15 切角

7.2 多边形建模综合实训 1：制作洗发水瓶模型

（1）使用【长方体】工具在用户视图中画出一个长方体，如图7-16所示。

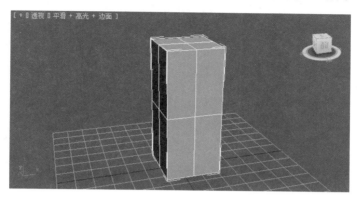

图7-16 建立长方体

（2）把长方体转换为"可编辑多边形"，切换到【点】编辑级别，选中上下两个面的顶点，使用缩放工具延Y轴方向缩小。如图7-17所示。

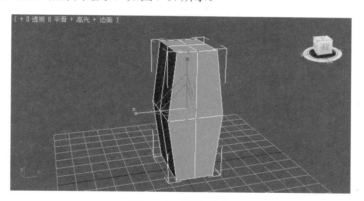

图7-17 调整顶点

（3）切换到【边】编辑级别，使用【Ctrl+鼠标左键】选中四个角上的边，如图7-18所示。

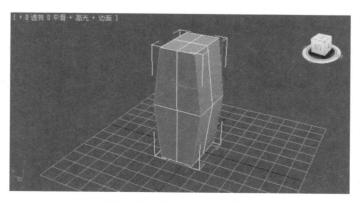

图7-18 选中四个角上的边

（4）在【编辑】面板内的"编辑边"卷栏内找到【切角】按钮，点击旁边的■按钮，在弹出的对话框内设置"切角量"为2.5，点击确定。如图7-19所示。

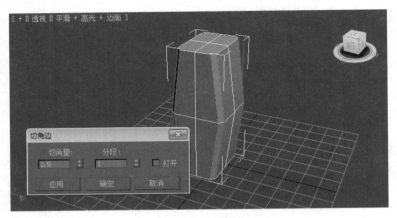

图7-19　应用切角

（5）切换到【多边形】编辑级别，选中顶端的四个多边形，并删除。如图7-20所示。

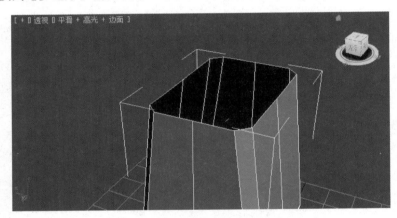

图7-20　删除顶端多边形

（6）切换到【边】编辑级别。选中顶端的所有边，如图7-21所示。

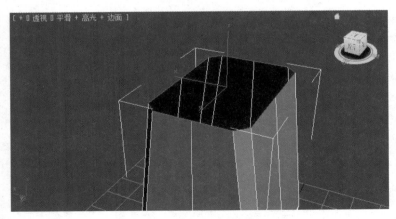

图7-21　选中顶端的边

（7）点击【R】快捷键把鼠标切换到【缩放】状态，使用【Shift+鼠标左键拖动】的方式，复制出一圈较小的边，如图7-22所示。

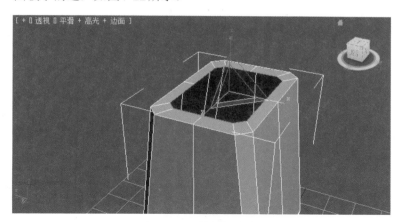

图7-22　缩放复制边

（8）把新复制出来的边上移一点，如图7-23所示。

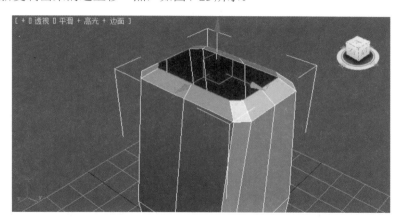

图7-23　上移边

（9）继续使用缩放复制的方式创建出一圈更小的边。如图7-24所示。

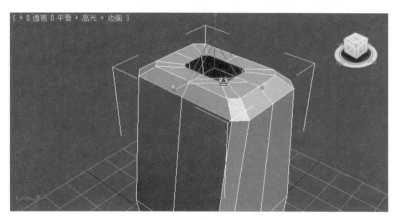

图7-24　再次缩放复制边

（10）切换到【点】编辑级别，在顶视图内把内圈的点调整为近似圆形。如图 7-25 所示。

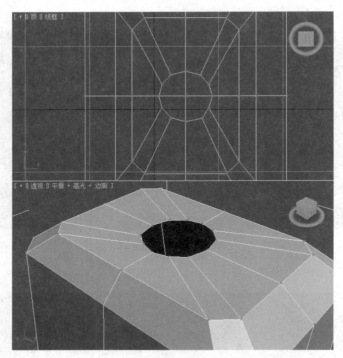

图 7-25　调节圆形

（11）再次使用移动复制和缩放复制的方法，制作出瓶口，如图 7-26 所示。

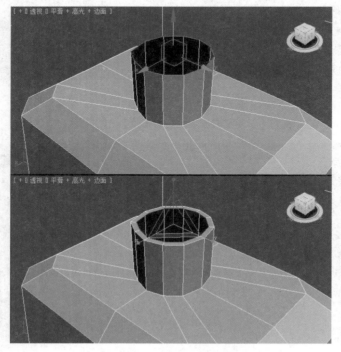

图 7-26　移动、缩放复制边

（12）瓶的上部基本制作完成，开始调整底部。切换到【多边形】编辑级别，翻转到瓶的底部，选中底部的四个多边形。如图7-27所示。

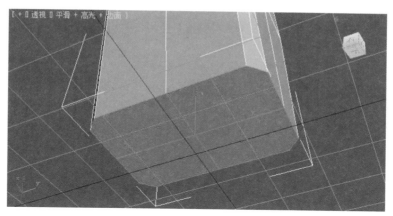

图7-27　选中底面多边形

（13）应用【倒角】工具，效果和参数如图7-28所示。

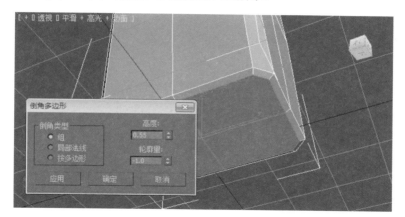

图7-28　应用倒角

（14）继续应用【插入】工具，效果和参数如图7-29所示。

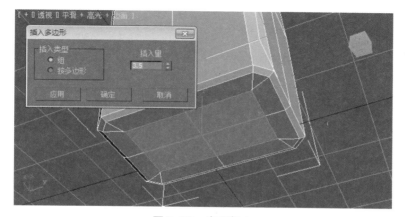

图7-29　应用插入

（15）使用【倒角】工具，制作洗发水瓶底部凹陷的效果，参数和效果如图7-30所示。

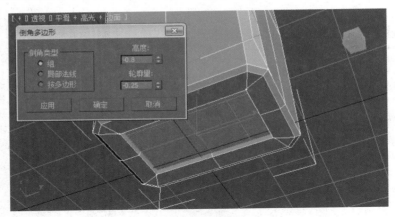

图7-30　再次应用倒角

（16）瓶底基本调整完成，现在来调整瓶身的波浪纹。切换到【边】编辑级别，使用【切割】工具，在瓶身画出新的波浪形的边。如图7-31所示。

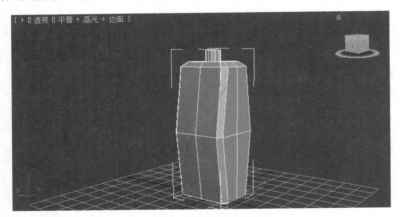

图7-31　画出切割线

（17）使用【切角】工具生成分隔平面，参数和效果如图7-32所示。

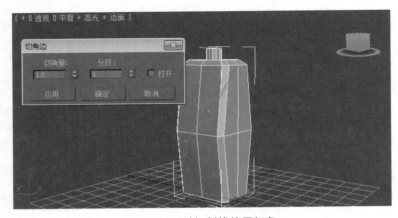

图7-32　对切割线使用切角

（18）切换到【点】编辑级别，把受影响的点都调整一下，使得波浪纹上方有凹陷的效果，并且整体波浪变化要自然。效果如图7-33所示。

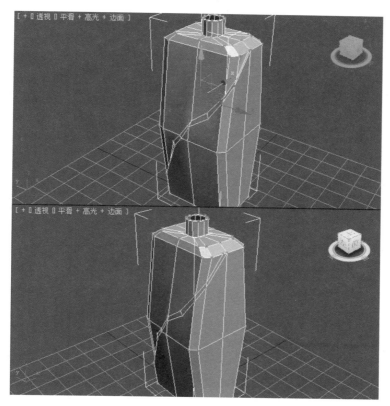

图7-33　调节凹面

（19）退出【点】编辑级别，为瓶体增加【网格平滑】修改器，设置迭代次数为3，使瓶子看起来更光滑自然，如图7-34所示。

图7-34　应用网格平滑

小贴士　TIPS

　　一般使用多边形建模的模型，表面都是各个面组成的棱角，大部分情况下都需要使用【网格平滑】修改器进行平滑处理。

（20）在【网格平滑】修改器的属性面板下的"局部控制"卷栏内，找到【子对象级别】，点击【边】级别。然后把波浪纹部分的边都选中，再把【折缝】属性设置为1.0。这样折痕部分就会显示出来，不至于被修改器抹平。折缝为0表示完全平滑，1表示完全显示折痕。如图7-35所示。

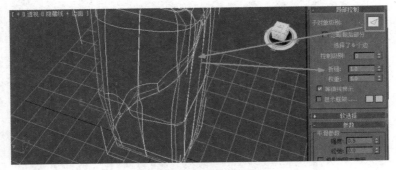

图7-35　调节瓶体折缝

（21）使用同样的方法，把瓶口位置的边都选中，把【折缝】设置为1.0，如图7-36所示。

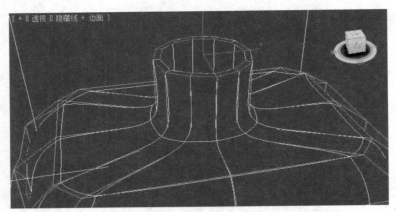

图7-36　调节瓶口折缝

（22）使用同样的方法调整瓶肩的折缝，这里把【折缝】设为0.5，如图7-37所示。

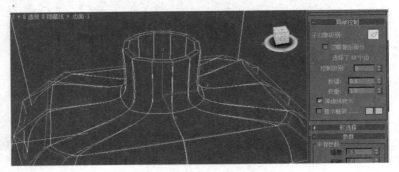

图7-37　调节瓶肩折缝

（23）至此瓶体基本创建完毕，最终效果如图7-38所示。

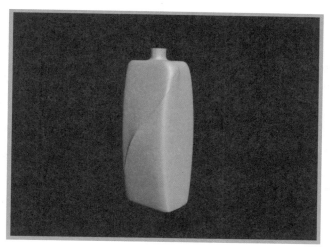

图7-38　瓶体最终效果

（24）接下来创建瓶盖。使用【样条线】工具画出瓶盖的截面轮廓，如图7-39所示。

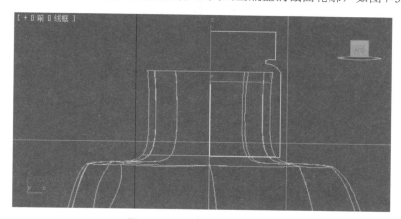

图7-39　画出瓶盖截面轮廓

（25）对样条线应用【车削】修改器，设置分段为16，如图7-40所示。

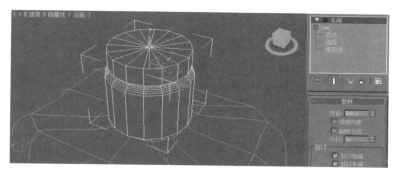

图7-40　应用车削修改器

（26）把瓶盖转换为【可编辑多边形】，进入【多边形】编辑级别，选中边缘的一圈多边形。如图7-41所示。

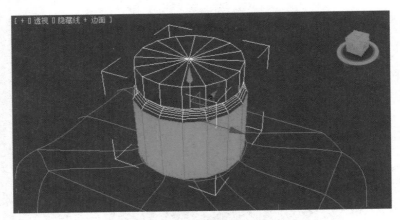

图7-41　选择瓶盖边缘所有多边形

（27）使用【倒角】工具，产生出瓶盖花纹的效果。参数以及效果如图7-42所示。

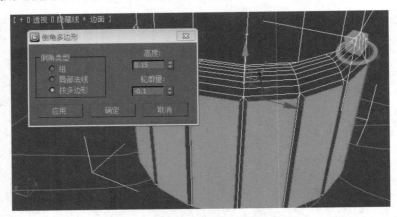

图7-42　瓶盖花纹倒角参数及效果

（28）接下来制作挤出洗发水的盖顶部分。使用【样条线】工具画出盖顶的截面轮廓。如图7-43所示。

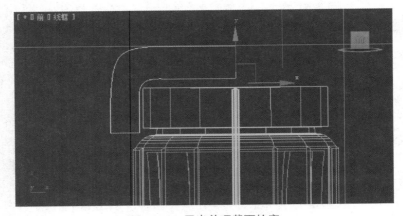

图7-43　画出盖顶截面轮廓

（29）为盖顶添加【车削】修改器，如图7-44所示。

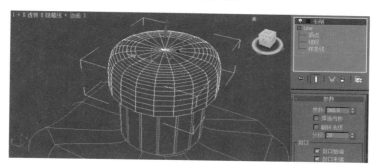

图7-44　应用车削修改器

（30）把盖顶转换为【可编辑多边形】，切换到【多边形】编辑级别。选中侧面的多个多个多边形。如图7-45所示。

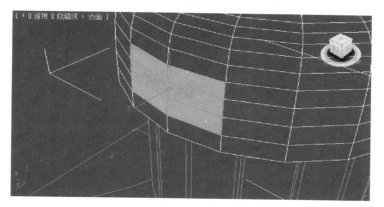

图7-45　选中盖顶侧面的多边形

（31）应用【插入】工具，产生瓶嘴的形状。如图7-46所示。

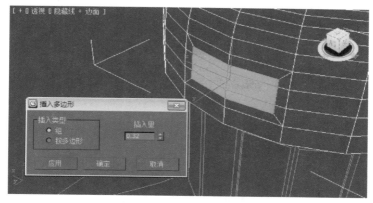

图7-46　插入瓶嘴形状

（32）应用"倒角"工具，挤出瓶嘴的形状，同时使用旋转工具调整方向。如图7-47所示。

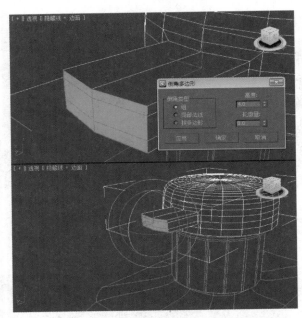

图7-47　应用倒角并把多边形旋转角度

（33）应用倒角三次之后，瓶嘴基本成型。再配合使用【插入】和【挤出】工具做出瓶嘴的嘴槽造型。如图7-48所示。

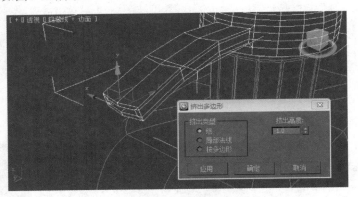

图7-48　做出嘴槽

（34）至此洗发水瓶就基本完成了，最终效果如图7-49所示。

图7-49　洗发水瓶最终效果

7.3 多边形建模综合实训2：制作卡通头像模型

（1）创建一个新的场景。角色建模一般从原画开始，为了能建造出与原画大体一致的模型，需要通过直接把原画图片放到场景中来辅助建模。为了方便初学者练习，这里直接使用了一个低面模型正视图和侧视图（见配套光盘中的"第7章"目录下的"头像前视.jpg"和"头像侧视.jpg"）。在菜单中点击【视图】/【视口背景】/【视口背景】条目，打开"视口背景"对话框，点击【文件】按钮选择图片，并把"横纵比"设为"匹配位图"，勾选"显示背景"和"锁定缩放平移"选项。在前视图和左视图都分别加入相应的图片，如图7-50所示。

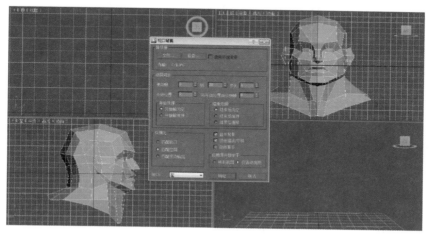

图7-50　放置背景

（2）使用【创建】/【几何体】/【样条线】/【线】工具，沿着眼睛的白线位置画出闭合的多边形。把这条样条线转换为【可编辑多边形】，在【修改】栏内选中【点】编辑级别，把四个点的位置调整到位。如图7-51所示。

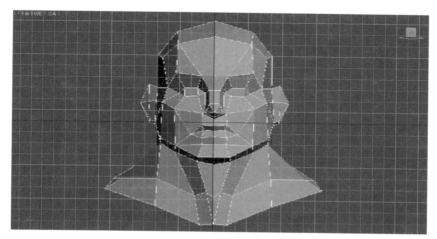

图7- 51　画出一个可编辑多边形

（3）切换到【边】编辑级别，使用【Shift+移动】的方式，在原有的四条边上扩展出新的边。如图7-52所示。

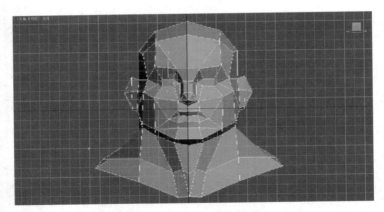

图 7- 52　复制出新的边

（4）切换到【点】编辑级别，把新延伸出来的多边形调整到位。如图7-53所示。

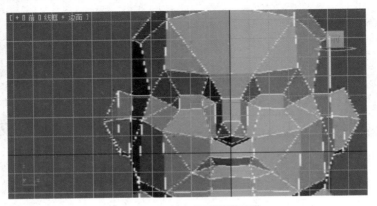

图 7- 53　把多边形调整到位

（5）以同样的方法继续扩张，直到布满整个左边脸。当遇到重叠的需要融合的边时，可切换到【点】编辑级别，把需要融合的边的两点放在一起并全部选中，然后点击【编辑】栏内的【焊接】按钮进行融合。可点击旁边的方形按钮调出焊接设置对话框，把焊接阈值设为0.5，以便更容易使两个点焊接在一起。如图7-54和图7-55所示。

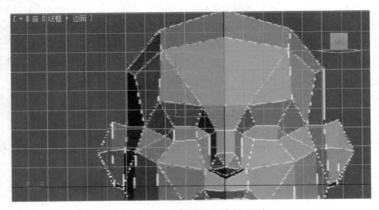

图 7- 54　以相同方法扩展边

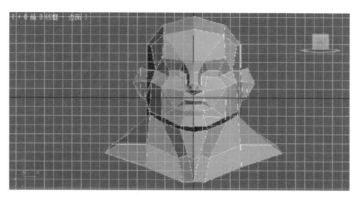

图7-55 直到布满整个左边脸

（6）把多边形布满左边脸之后，实际上是在同一个平面上的，从用户视图可以看到这一情况。如图7-56所示。

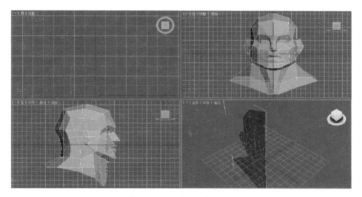

图7-56 还只是平面

（7）需要在左视图内把点移动到侧面图对应的位置。可以通过前视图和左视图联动的方式来完成这一操作，具体操作：①在前视图内选择一个明确可知道在左视图内位置的点，例如额头顶端中间的点，用鼠标左键点击选中；②右键点击左视图，保持对应顶点的选中并激活左视图；③把该点在左视图内移动到位。

当所有点都完成移动之后，头像的整体轮廓就出现了，如图7-57所示。

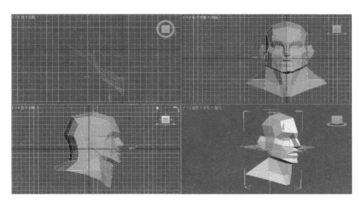

图7-57 把侧面的点移动到位

（8）在左视图内，同样应用【Shift+移动】的方式，把后脑部分的多边形补齐。如图7-58所示。

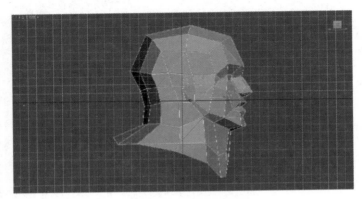

图7-58　补上后脑边

（9）由于耳背面在视图内无显示，这里会出现一个漏洞。同样使用复制扩展多边形的【边】并进行适当的【焊接】来把这部分空洞的多边形补上。如图7-59所示。仔细检查整个头像是否有漏洞或者需要调整的地方，直到完成头像的左边面模型，如图7-60所示。

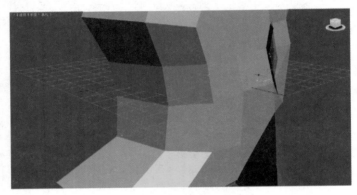

图7-59　把耳朵后面的漏洞补上

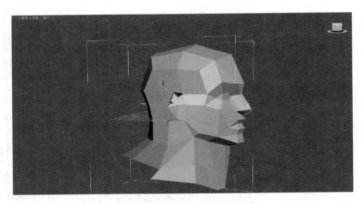

图7-60　检查所有边都闭合

（10）完成左边头像之后，可以通过快捷菜单栏内"镜像工具"来复制出头像的另一面。

如图7-61所示。

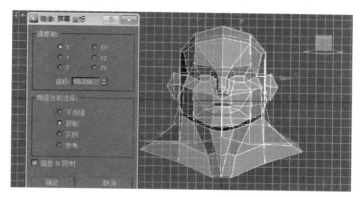

图7-61 复制出另一面

（11）把新复制的对象与原有左边脸模型附加到一起。切换到【点】级别，【Crtl+A】全选所有点，然后点击【焊接】按钮使得整个头像没有镂空的【边】。如图7-62所示。

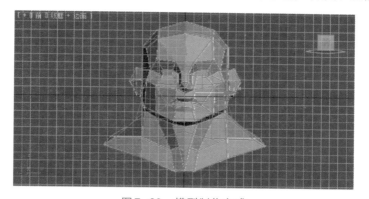

图7-62 模型制作完成

（12）模型基本完成，在用户视图内观察一下是否有需要微调的点。如图7-63所示。

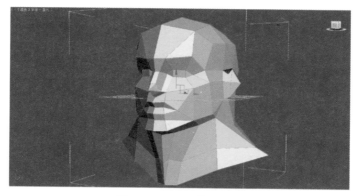

图7-63 观察模型效果

（13）为头像添加【网格平滑】修改器，使头像表面光滑一些。最终渲染效果如图7-64所示。

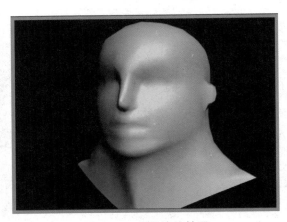

图 7-64　最终渲染效果

本章小结

　　本章主要讲述了如何进行多边形建模。多边形建模操作简单，容易理解，却能够快速创建出复杂的模型，是很多 3ds Max 用户最喜欢使用的方式。读者可把多边形建模作为重点技能加以学习。

课后练习

　　1. 练习制作不锈钢水龙头。
　　2. 练习制作电视机。
　　3. 练习制作角色模型。

第8章
材质和贴图

8.1 材质和贴图简介

　　材质主要用于描述物体表面渲染时表现出来的性质，如颜色、光亮度、自发光度、不透明度等。在材质中，贴图可以模拟纹理、应用设计、反射、折射和其他效果。此外，贴图也可以用作环境和投射灯光。贴图可以使得材质效果更加逼真，更富于变化。

　　通过各种类型的材质和贴图可以制作出真实环境中的任何物体。总之，材质与贴图是使3ds Max场景和对象生动、真实的重要手段。

　　制作材质的一般步骤如下（选定某个材质球之后）：

① 指定材质名称。

② 选择材质类型。

③ 对于【标准】或【光线追踪】材质，选择着色类型。

④ 设置【漫反射】的颜色、光泽度和不透明度等参数。

⑤ 将贴图指定给要设置贴图的材质通道，并调整对应参数。

⑥ 将材质应用于对象。

⑦ 如需正确定位贴图的情况，调整UV贴图坐标。

⑧ 保存材质。

8.2 材质编辑器

　　【材质编辑器】（ ）：是用于创建、改变和应用场景中的材质的对话框。可以将材质指定给单独的对象或者选择集；单独场景也能够包含很多不同材质。通过【主工具栏】—【材质编辑器】、菜单【渲染】—【材质编辑器】、快捷键【M】都可打开材质编辑器（图8-1）。

　　注意：创建新的材质会清除"撤消/重做"列表。

图8-1 材质编辑器

8.2.1 材质编辑器的界面

"材质编辑器"界面由顶部的菜单栏、菜单栏下面的示例窗（球体）和示例窗底部和侧面的工具栏组成。如果某个材质已经应用到场景内的物体上，材质球示例窗周围会出现白色三角形。

"材质编辑器"界面还包括多个卷栏，其内容取决于活动的材质（单击材质的示例窗可使其处于活动状态）。每个卷栏包含标准控件，如下拉列表、复选框、带有微调器的数值字段和色样。

在很多情况下，控件有一个关联的（通常位于其右侧）"贴图快捷按钮"：这是一个小的空白的方形按钮，可以单击它将贴图应用于该控件。如果已经将一个贴图指定给控件，则该按钮显示字母M。大写的M表示已指定和启用对应贴图。小写的m表示已指定该贴图，但它处于非活动状态（禁用）。用"贴图"卷栏上的复选框启用和禁用贴图（请参见此步骤以及其后的步骤）。还可以右键单击贴图的快捷按钮来访问复制和粘贴这些功能（请参见复制并粘贴：材质、贴图、位图和颜色的右键单击菜单）。

8.2.2 材质编辑器常用操作

【查看材质编辑器】：单击主工具栏上的"材质编辑器"按钮（ ），或按"M"键。"材质编辑器"对话框用于查看材质预览的示例。第一次查看"材质编辑器"时，材质预览具有统一的默认颜色。

【为材质指定不同的名称】：编辑显示在"材质编辑器"工具栏下面的名称字段（ 01 - Default ），活动材质的名称将显示在"材质编辑器"对话框的标题栏中。材质的名称不是文件名：其可以包含空格、数字和特殊字符。文件名称字段只可以显示 16 个字符，但材质的名称可以包含更多的字符。

【生成材质的副本】：在"材质编辑器"工具栏中，单击"生成材质的副本"按钮（ ）生成材质副本。

【从场景中获取材质】：如果要进行更改的材质保存在场景中，而没有保存在"材质编辑器"中，可以从场景中获取该材质以将它载入。步骤如下：

① 单击示例窗，将其激活。

② 在"材质编辑器"工具栏上，单击"获取材质"（ ）。

③ 显示"材质/贴图浏览器"对话框。在左上方的"浏览自"组框中，选中"选定对象"或"场景"。"选定对象"选项只列出当前选择中的材质。如果没有选定任何对象，该材质列表为空白。"场景"选项列出了当前场景中的所有材质。

④ 在材质列表中，双击想要的材质名称。也可以将材质名称拖到示例窗，所选的材质将替换活动示例窗中的一个材质。

【将材质应用到对象】：将包含所应用材质的示例窗拖动到场景中的对象。如果对象是场景中几个选定对象的其中一个，则 3ds Max 将提示你选择是将材质只应用于单个对象还是应用于所有选定对象。

还可以通过在"材质编辑器"工具栏上单击"将材质指定给选定对象"（🐾）来应用材质。

【要从对象中移除材质】：在"材质编辑器"工具栏上，单击"获取材质"按钮（⚙）将打开"材质/贴图浏览器"对话框。在左上方的"浏览自"组框中，选中"新建"，然后将条目"无"从"浏览器"中列表顶部拖到对象中。

【选择应用同一材质的对象】：将"材质编辑器"中的材质应用于场景中的对象后，可以从"材质编辑器"中选择该对象。单击包含场景中材质的示例窗。单击"按材质选择"（⚙）打开"选择对象"对话框。单击"选择"可选择应用活动材质的对象。

【从库中获取材质】：在"材质编辑器"工具栏上，单击"获取材质"按钮（⚙）。打开"材质/贴图浏览器"对话框。在左上方的"浏览自"组框中，选中"材质库"。在材质列表中，双击想要的材质名称或将材质名称拖到示例窗。所选的材质将替换活动示例窗中的上一个材质。

【保存材质到库中】：单击具有要保存材质的示例窗。在"材质编辑器"工具栏上，单击"放入库"按钮（⚙）出现"放入库"对话框。如有需要可更改材质名称，然后单击"确定"完成保存。

8.2.3　材质的类型

打开"材质/贴图浏览器"对话框，在"显示"组中禁用"贴图"，右边的对话框内即列出了所有的材质类型。如图 8-2 所示。

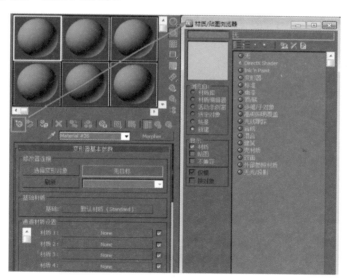

图 8-2　材质的类型

【Ink'n Paint】（卡通）：使用平面着色和"绘制的"边框生成卡通效果。
【变形器】：可用于使用变形器修改器在材质之间变形。
【标准】：默认的标准材质。
【虫漆】：通过将"虫漆"材质应用到另一种材质，将两种材质混合起来。

【顶/底】：包含两种材质，一种用于向上的面，另一种用于向下的面。

【多维/子对象】：可用于将多个子材质应用到单个对象的子对象。

【高级照明覆盖】：主要用于微调材质在高级照明上的效果，包括光跟踪和光能传递解决方案。计算高级照明时并不需要光能传递覆盖设置，但使用它可以增强效果。

【光线跟踪】：支持和标准材质同种类型的漫反射贴图，同时还提供完全光线跟踪反射和折射以及其他效果（如荧光）。

【合成】：混合多达 10 种材质。

【混合】：将两种其他材质混合在一起。可以使用遮罩或某种简单的量控制。

【壳材质】：包含的材质已渲染到纹理以及纹理所基于的原始材质。

【双面】包含两种材质，一种材质用于对象的前面，另一种材质用于对象的背面。

【无光/投影】：显示环境，但接收阴影。这是一种特殊用途材质，效果类似于在电影摄制中使用隐藏。

8.3 材质编辑实例

8.3.1 绒布材质和金属材质

（1）打开配套光盘中第4章的"简约凳子"模型，用于给凳子坐垫赋予绒布材质。如图8-3所示。

（2）按快捷键【M】打开"材质编辑器"对话框，鼠标左键点中一个空白的材质球，设置材质类型为"标准"，并将材质命名为"绒布"，如图8-4所示。

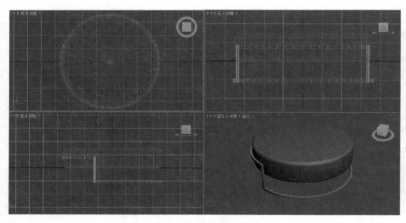

图8-3 打开凳子模型

图8-4 命名绒布材质

（3）在"明暗器基本参数"卷栏内，设置明暗器类型为"（O）Oren-Nayar-Blinn"。接着展开"Oren-Nayar-Blinn基本参数"卷栏，在"漫反射"贴图通道中加载一张配套光盘中的"布材质"文件（在贴图类型选择"位图"），然后在"坐标"卷栏下设置"平铺"的U为2。如图8-5所示。

（4）点击"转到父对象"按钮（📷）回到"Oren-Nayar-Blinn基本参数"卷栏，在"自发光"选项组内勾选"颜色"选项。然后展开"贴图"卷栏，勾选按"自发光"选项，接着在其贴图通道中加载一张"遮罩"程序贴图，在新增的"遮罩参数"卷栏内进行如下设置：

①在"贴图"通道中加载一张"衰减"程序贴图，然后在"衰减参数"卷栏内设置"衰减类型"为"Fresnel"；②返回"遮罩参数"卷栏，然后在"遮罩"通道中加载一张"衰减"程序贴图，然后在"衰减参数"卷栏内设置"衰减类型"为"阴影灯光"。如图8-6所示。

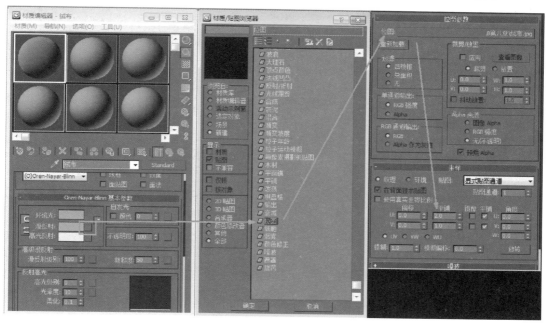

图8-5　添加漫反射位图

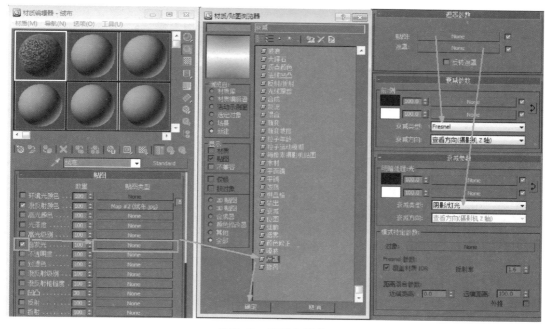

图8-6　设置自发光

（5）返回"贴图"卷栏。勾选"凹凸"选项，设置其数量为80，并在其贴图通道中加载一张"噪波"程序贴图，设置"噪波类型"为"规则"，"噪波阈值"的"高"为1，"低"为

0，大小为0.3。如图8-7所示。

图8-7 添加凹凸贴图

（6）绒布材质基本设定完成，把材质球拖动到凳子的坐垫上（或选中材质球，然后在场景内选中凳子坐垫，然后点击 按钮）完成材质赋予。点击渲染查看效果，如图8-8所示。

图8-8 绒布渲染效果

（7）接下来为凳子支架赋予铝质金属材质。选择一个空白的材质球，设置材质类型为"标准"，并将材质命名为"金属"，在"明暗器基本参数"卷栏内，设置明暗器类型为"金属"。把"漫反射"设置为灰色（红183；绿183；蓝183），"高光级别"设为51，光泽度设为67，并把材质赋予到支架上。参数设置如图8-9（a）所示，把这种材质添加到材质库内，以便下面的案例使用。为了看到渲染效果，创建4个"反光灯"放到场景中，可调节一下位置确保凳子各个角度都有照明，点击"渲染"按钮查看效果，如图8-9（b）所示。

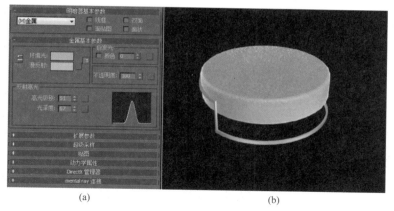

(a)   (b)

图8-9　金属支架材质渲染效果

8.3.2　玻璃材质和木头材质

（1）打开配套光盘中第4章的"简约桌子"模型，用于给桌面赋予磨砂玻璃材质。如图8-10所示。

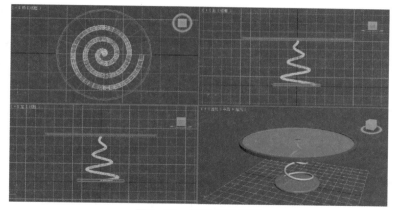

图8-10　打开桌子模型

（2）按快捷键【M】打开"材质编辑器"对话框，单击鼠标左键点中一个空白的材质球，设置材质类型为"光线跟踪"，并将材质命名为"玻璃"。在"明暗器基本参数"卷栏内，设置明暗器类型为"Phong"，其余参数设置如下：设置"漫反射"的颜色为黑色，设置"透明度"颜色为RGB=233、255、245，"折射率"的参数为1.5，设置"高光级别"为250，"光泽度"为80。如图8-11所示。

（3）打开"贴图"卷栏，赋予"反射""衰减"贴图类型，并设置其强度为50，将凹凸贴图通道的强度设置为50，然后赋予"混合"材质类型，如图8-12所示。

（4）进入混合贴图级别，交换两通道颜色，为混合量添加一个遮罩贴图，为颜色2添加一个噪波贴图，在噪波参数中设置大小为2.0，高为1.0，低为0.5，如图8-13所示。

图8-11　设置玻璃材质

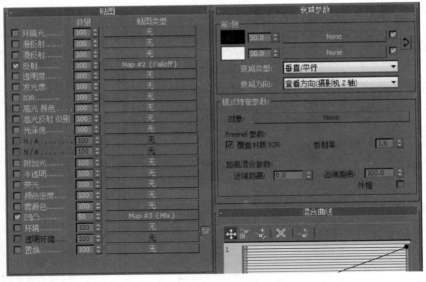

图8-12　设置反射通道

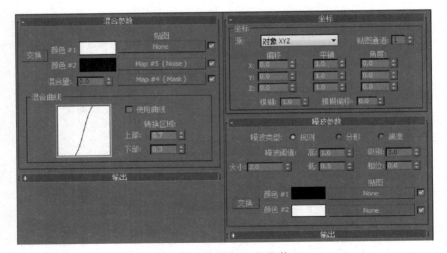

图8-13　设置凹凸通道

图8-14　设置双面材质

（5）此时已经完成了有波浪效果的玻璃材质，为了模拟表面光滑内部凹凸的玻璃效果，可以使用"双面"材质。保持刚才创建的玻璃材质选中状态，点击材质名称旁边的按钮，把材质类型由"光线跟踪（Raytrace）"改为"双面"，在弹出的对话框内选择"将旧材质保存为子材质"，点击确定。如图8-14所示。

（6）用鼠标左键点击"正面材质"旁边按钮，拖动到"背面材质"按钮，把之前创建的玻璃材质赋予到"背面材质"上。点击"正面材质"旁边按钮进入子材质编辑界面，把"贴图"卷栏下的凹凸通道取消激活，这样就把正面材质变成平滑的状态。最终该材质成为正面是平滑玻璃，背面是波纹玻璃的双面材质。如图8-15所示。

（7）把该材质赋予桌面完成贴图。然后按照8.3.1节第（7）步的方法制作金属材质，把颜色设置为RGB=40、40、40，把"高光级别"设置为60。把这种金属材质赋予给桌面边框和链接点。从材质库中取出上一个案例保存的金属材质，赋予到桌子支架上。设置参数如图8-16所示。

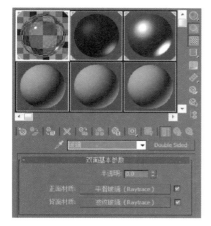
图8-15　设置平滑玻璃与波纹玻璃材质

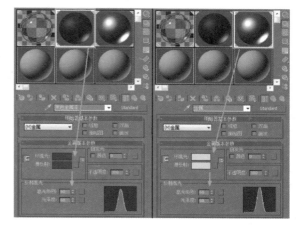
图8-16　设置金属材质

（8）复制"黑色金属漆"材质到空白材位置，命名为"生铁"。设置"漫反射"颜色为RGB=14、14、14，在"贴图"卷栏的"凹凸"通道添加噪波贴图，设置"大小"为0.2，"低"为0.5，赋予到桌子底座上。如图8-17所示。

图8-17　设置生铁材质

（9）同样地，为了观察方便添加几盏"反光灯"在场景内，并加入一个平面模型，设置材质为浅绿色。最终渲染效果如图8-18所示（为了提高模型质量，可在原模型基础上加入网格平滑修改器）。

图8-18　最终渲染效果

8.4　贴图轴简介

图8-19　生成贴图坐标开关

使用贴图通常是为了改善材质的外观和真实感，贴图也可以模拟纹理，还可以应用反射、折射以及其他一些效果。使用贴图通常需要配合贴图坐标，使贴图纹理能正确显示。因此，贴图和贴图坐标的相关知识非常重要。

大部分对象又有一个生成贴图坐标的开关，打开这个开关可以生成一个默认的贴图坐标，如图8-19所示。如果没有指定贴图坐标的对象（例如：可编辑多边形修改或其他拓扑修改后，直接渲染这些对象，系统将打开"丢失贴图坐标"对话框，提示场景中有对象丢失了贴图坐标信息，需要重新指定），可以为对象增加一个"UVW贴图"修改器来代替默认贴图坐标。

贴图坐标指定几何体上贴图的位置、方向以及大小。坐标通常以U、V和W指定，其中，U是水平维度，V是垂直维度，W是可选的第三维度，表示深度。此外，"UVW贴图"修改器内还可以定义贴图轴类型，这些类型涵盖了所有基础几何体，列出如下。

【平面】：使用平面投影的方式贴图，适用于水平的表面，如纸张等。如图8-20所示。

【柱形】：使用圆柱投影的方式贴图，适用于柱子、可乐瓶、铅笔等。但选择了"封口"选项后，圆柱的顶部和底部会放置一个平面贴图。如图8-21所示。

【球形】：使用球形投影的方式贴图，在

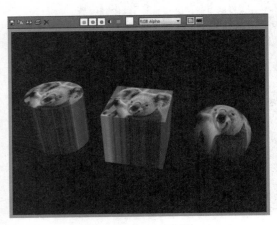

图8-20　平面贴图

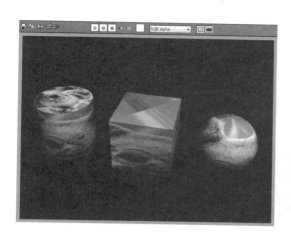

图8-21　柱形贴图

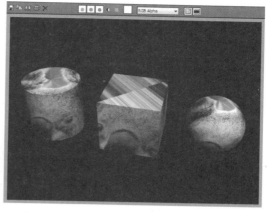

图8-22　球形贴图

连接缝处会连接，上下两端都有收缩成一点的极。如图8-22所示。

　　【收缩包裹】：与球形贴图类似，不过只有顶端有收缩成一点的极。如图8-23所示。

　　【盒子】：以六面的方式向对象投影贴图，每个面都是一个平面贴图。如图8-24所示。

　　【面】：为对象每一个面都应用一个平面贴图，如图8-25所示。

　　【XYZ to UVW】：把3D贴图赋予物体表面，如图8-26所示。

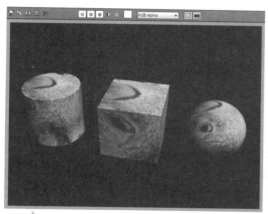

图8-23　收缩包裹贴图

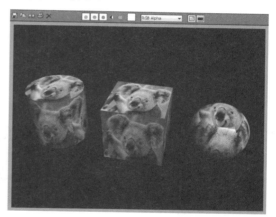

图8-24　盒子贴图

图8-25　面贴图

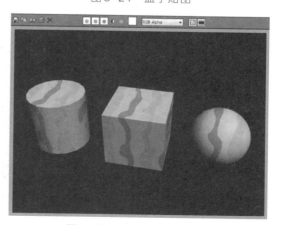

图8-26　XYZ to UVW贴图

8.5 贴图操作实例

8.5.1 木纹贴图

（1）打开配套光盘中第3章的"简约床头柜"模型，用于给床头柜赋予木纹贴图。如图8-27所示。

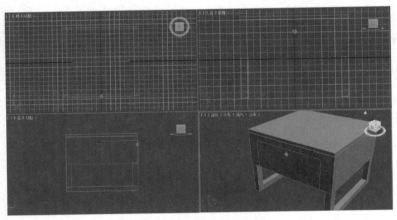

图8-27 打开床头柜模型

（2）按快捷键【M】打开"材质编辑器"对话框，鼠标左键点中一个空白的材质球，设置材质类型为"标准"，并将材质命名为"桌脚"。在"明暗器基本参数"卷栏内，设置明暗器类型为"（B）Blinn"，在"Blinn基本参数"卷栏，在"漫反射"贴图通道中加载一张配套光盘中的"木纹.jpg"文件，参数默认。如图8-28所示。

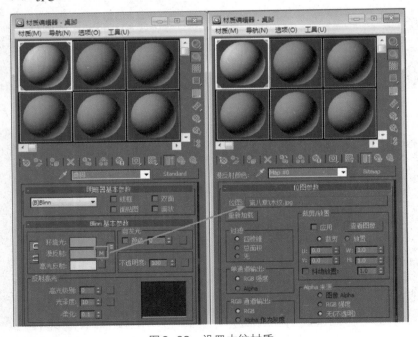

图8-28 设置木纹材质

（3）点击"转到父对象"按钮（）回到父级，打开"贴图"卷栏，把"漫反射"贴图按钮用鼠标左键拖动到"凹凸"贴图按钮上，在弹出的贴图复制对话框内选择"复制"，点击确定之后完成贴图复制。如图8-29所示。这样可使贴图不仅带有木纹，还可以有凹凸的效果。

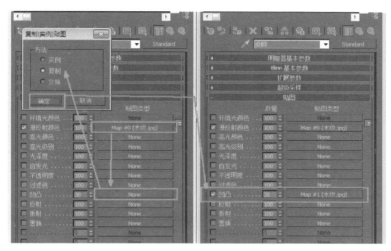

图8-29　设置凹凸贴图

（4）点击一个桌脚，把材质赋予到该对象。然后在视图右边的工具栏切换到"修改"面板，为桌脚添加一个【UVW贴图】，在"参数"卷栏内选择【长方体】，在"对齐"选栏内选择【Y】轴方向，然后点击【适配】按钮。如图8-30所示。

（5）以同样的方法把桌脚的其他对象都赋予这个材质。同时把柜体也赋予这个材质，但需把UVW贴图的"对齐"选栏内选中"X"轴来适配，不同的轴向决定了贴图的方向，读者可以自行观察在选择不同轴向的情况下，柜体上木纹纹路的变化。渲染之后效果如8-31所示。

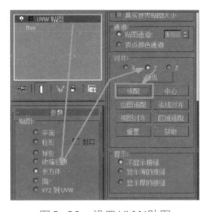

图8-30　设置UVW贴图

图8-31　桌脚效果

（6）选择一个新的空白材质球，设置材质类型为"标准"，并将材质命名为"桌面"。在"明暗器基本参数"卷栏内，设置明暗器类型为"（B）Blinn"，在"Blinn基本参数"卷栏，在"漫反射"贴图通道中加载一张配套光盘中的"木纹.jpg"文件，参数默认。并以与桌脚类似的方式复制出"凹凸"贴图。如图8-32所示。

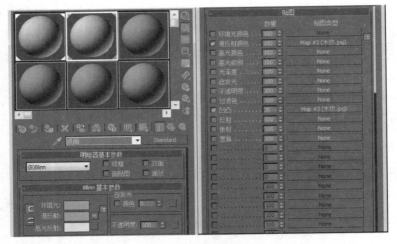

图8-32 设置桌面材质

（7）重新进入"漫反射"贴图编辑界面，点击【查看图像】按钮，在弹出的图片浏览对话框内，调整裁剪框的大小，使其与模型桌面的比例一致。这样可仅使图片的部分来进行贴图，避免贴图之后出现拉伸的情况。如图8-33所示。

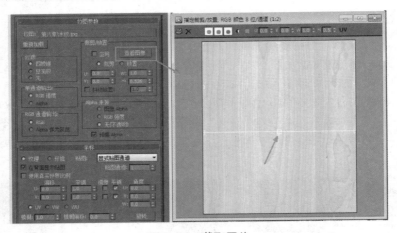

图8-33 截取图片

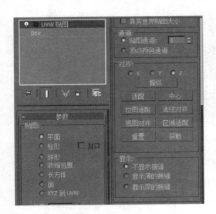

图8-34 设置桌面UVW贴图

（8）把这个材质赋予到桌面的对象。为桌面对象添加一个【UVW贴图】修改器，贴图参数使用【平面】，适配方向是【Z】轴。如图8-34所示。

（9）利用配套光盘中的"皮质.jpg"文件，使用与"桌面"材质类似的方法创建皮质材质，赋予到抽屉对象上。

（10）点击【获取材质】按钮，打开"材质浏览器"，选择浏览自"材质库"，此时右边的材质记录为空，可以通过打开一个现有的材质库或者Max工程文件来获取中的材质。点击【打开】按钮，选中配套光盘中第8章的"简约桌子材质.max"文件打开，左边的材质列表会列出对应文件内的所有材质，选取"金属"材质。如图8-35所示。把该材质赋予到抽屉把手的圆球对象上。

图8-35　选取抽屉把手材质

（11）至此简约床头柜的材质编辑完毕，渲染效果如图8-36所示。

图8-36　床头柜渲染效果

8.5.2　UVW展开贴图

当模型结构比较复杂，使用【UVW贴图】修改器无法让贴图准确地贴在模型上时，就要使用UVW展开的方式来贴图了。使用【UVW展开】修改器可以把模型表面平摊展开来或者分块，使模型表面平铺在一个正方形的二维平面图上，把纹理合成到这个平面上之后，就可以准确地把材质赋予到模型表面。

UVW展开贴图的方法比较复杂，根据不同模型的特点，也会有不同的方法。下面用一个简单的案例来学习一下进行UVW展开贴图的基础技巧。

（1）打开配套光盘中第8章的"房子"模型。如图8-37所示。

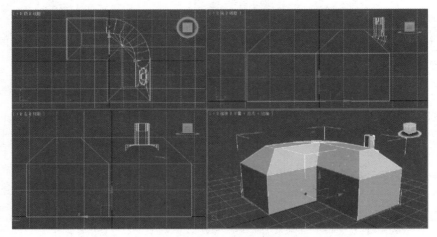

图8-37　打开房子模型

（2）对该模型添加【UVW展开】贴图，展开"UVW展开"选项，选择"面"选项。如图8-38所示。

（3）在"面"选择状态下，选中屋顶的所有面，注意不要漏掉烟囱下方面积较小的几个面，如图8-39所示。

（4）点击"参数"卷栏下的【编辑】按钮，弹出"编辑UVW"对话框，如图8-40所示。

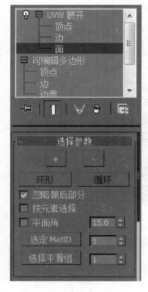

图8-38　添加UVW
展开修改器

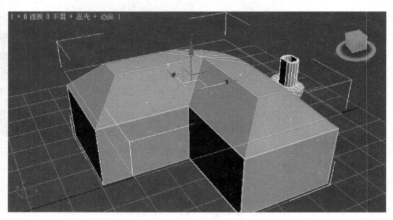

图8-39　选择屋顶

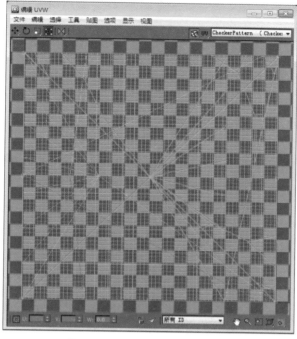

图8-40　"编辑UVW"对话框

　　在"UVW贴图"窗口内的各个点、线或面都与对应物体上的点、线、面对应，读者可以自行尝试选中不同的面来对比观察。

　　（5）点击"贴图参数"卷栏内的【平面】按钮，然后点击【最佳对齐】按钮，使选中的屋顶部分合理展开。如图8-41所示。

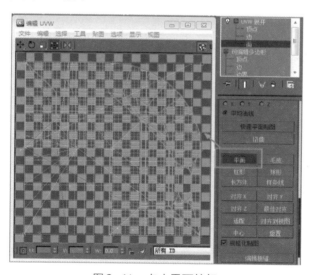

图8-41　点击平面按钮

除了【最佳对齐】外，如果所编辑的表面大致与X（Y、Z）轴对齐，可用【对齐X】（Y、Z）等对齐方式的按钮。同理，也可以根据所编辑表面的形状选择【柱形】等方式。

（6）退出"面"选项，把已经正确展开的屋顶平面移动到正方形区域外，以便继续展开剩余的面。如图8-42所示。

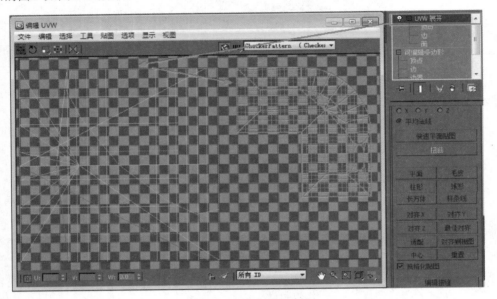

图8-42　移动屋顶贴图

（7）重新进入"面"选择状态，选中烟囱的表面，点击"贴图参数"卷栏内的【柱形】按钮，然后再点击【适配】按钮，如图8-43所示。可以在"编辑UVW"对话框内看到烟囱的表面被成功展开了，同样地把这个表面挪动到正方形区域外，如图8-44所示。

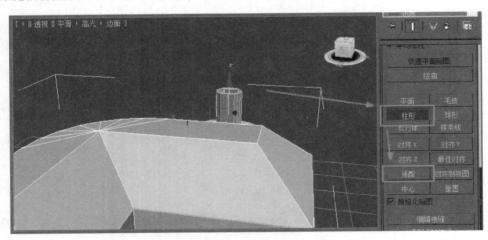

图8-43　选择烟囱

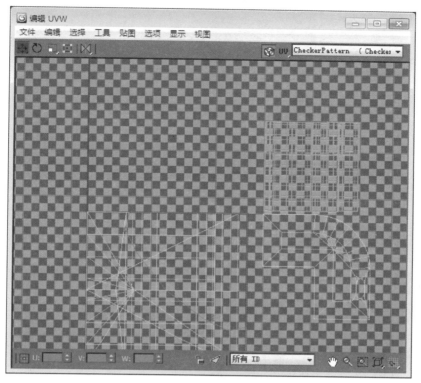

图8-44　移动烟囱贴图

（8）接下来尝试展开烟囱底座的表面。点击烟囱表面的其中一格，然后点击"编辑UVW"对话框下方的 ➕ 按钮，系统会自动增加选择的表面，直到烟囱底座所有表面都被选中，以与烟囱类似的方法展开该平面。如图8-45所示。

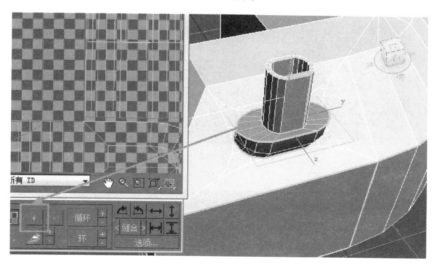

图8-45　选择烟囱底座

（9）选中房子的背面墙体的所有平面，然后点击"贴图参数"卷栏下的【快速平面贴图】按钮，可以对结构接近矩形的平面快速进行展开。如图8-46所示。

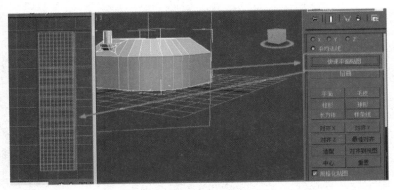

图8-46　墙面快速平面贴图

（10）使用类似的方法，把房子剩余的平面也都一一展开，然后把所有拆分开来的平面进行大小的调整，全部放回到正方形区域内并排好布局。如图8-47所示。

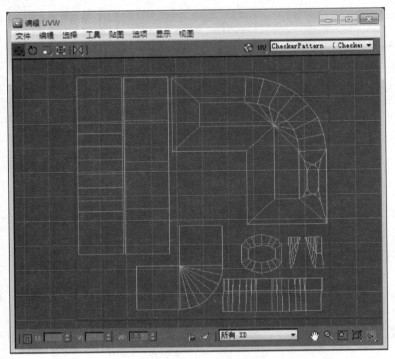

图8-47　调整贴图位置

小贴士　TIPS

　　这里展开平面的尺寸会直接影响到贴回到物体之后图形的拉伸情况。对于比较小的结构的展开平面，或者在底部渲染时不会出现的部分，就应该把尺寸缩小一点。

　　在实际操作中，可以先对物体贴上一个"棋盘格"贴图，并点击材质编辑窗口内的【在视口内显示标准贴图】（▨）按钮。这样设置之后，展开平面的相对大小对贴图的影响可以直观地在物体上反映出来。

（11）贴图平面摆放好之后，点击"编辑UVW"对话框内的【工具】—【渲染UVW模板】
按钮，调出"渲染UVs"对话框。如图8-48所示。

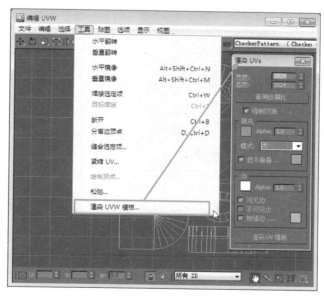

图8-48　"渲染UVs"对话框

（12）在"渲染UVs"对画框内可根据需要对渲染图进行设置，设置完成后，点击【渲
染UVW模板】按钮，可生成用于制作贴图的图像文件。如图8-49所示。

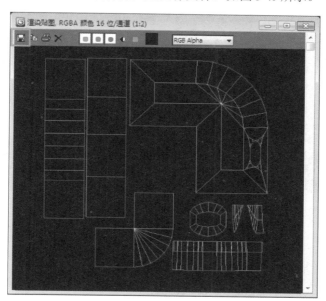

图8-49　渲染贴图

（13）在Photoshop（或其他图形编辑工具）内，把这张带有贴图位置信息的图片进行编
辑，加上材质效果。在本例中为了演示，都涂上了鲜明的颜色。如图8-50所示。

（14）把这张图片赋予到材质球的"漫反射"贴图内，如图8-51所示。

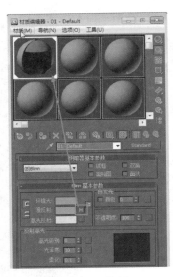

图 8-50　房子贴图上色　　　　　　　　图 8-51　指定材质

（15）把该材质赋予到房子模型上，可以看到各种颜色都被准确地赋予到了对应的位置上，如图 8-52 所示。

（16）对这个贴图的各个部位换上真实材质，例如：房顶换上瓦片，墙面换上砖头纹路和门窗，烟囱换上生锈铁皮，参考配套光盘资料第 8 章的"房子贴图真实材质.jpg"文件。把这个贴图换到之前的材质球的"漫反射"和"凹凸"贴图上，渲染之后效果如图 8-53 所示。

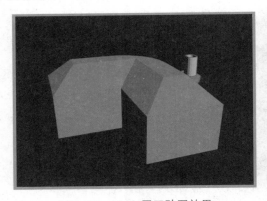

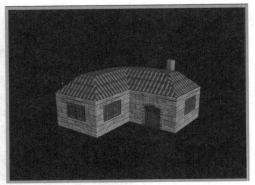

图 8-52　UVW 展开贴图效果　　　　　　图 8-53　房子真实材质贴图

本章小结

　　本章主要讲述了对模型进行贴图。建模是 3ds Max 学习的核心内容，但是贴图却是让模型变成"实物"的关键。即使是粗糙的低面模型，经过贴图后也可以变成生动的角色形象。

课后练习

　　练习对前几章课程里面的课后练习模型进行贴图。

第9章
灯光和摄像机

 9.1　关于光源的知识

在3ds Max软件中，用户可以随意在任何位置创建任何类型灯光，但是这种自由性有时反而使用户要创作出逼真的渲染效果变得十分困难。因此，为了能渲染出逼真的三维场景，了解一些传统的灯光基础知识通常会有所帮助。

9.1.1　光源的性质

在一个场景内的光源按性质通常可以分为以下三种：自然光、人工光、二者的结合。

【自然光】：具有代表性的自然光是太阳光。当使用自然光时，需要考虑：现在是一天中的什么时间，天是晴空万里还是阴云密布，在场景中受到环境光影响的强度。

【人工光】：人工光几乎可以是任何形式：电灯、炉火或者二者一起照亮的任何类型的环境都可以认为是人工的。在使用人工光时需要考虑：光线来自哪里；光线的质量如何；是否有多个光源以及哪一个是主光源；是否使用彩色光源。

【自然光和人工光的组合】：在明亮的室外拍摄电影时，摄影师和灯光师有时也使用反射镜或者辅助灯来缓和刺目的阴影。

除了通常类型的灯光外，还有一种跟灯光相关的效果就是在镜头内可见光源的光晕。由于这些效果在3ds Max软件中不会自动产生，需要用户在渲染中另外制作，并且提前考虑它们的外观和对渲染效果的影响。

小贴士　TIPS

在设置三维场景的灯光时，可以找与当前场景类似的实际照片和电影镜头作为参考。这些照片可以提供一些参考，让人知道特定物体和环境在特定条件下应该是怎样的。通过认真分析一张照片中高光和阴影的位置，通常可以重新构造对图像起作用的光线的基本位置和强度。通过使用现有的原始资料来重建灯光布置，也可以学到很多知识。

9.1.2 光源的类型

从光源的作用来区分，可以分为以下三种：关键光、补充光和背景光，它们在一个场景内一起协调运作，可以产生出优秀的渲染效果。

【关键光】：在一个场景中，其主要光源通常称为关键光。关键光不一定只是一个光源，也未必固定于一个地方，但它一定是照明的主要光源。

通常情况下，点光源放在从物体的正面转45°，并从中心线向上转45°的方向上会有最佳照明效果（当然，根据具体场景的需要，也可放在物体的其他方向）。关键光通常是首先放置的光源，并且使用它在场景中创建初步的灯光效果。

【补充光】：补充光用来填充场景的黑暗和阴影区域。关键光在场景中是最引人注意的光源，但补充的光线可以提供景深和逼真的感觉。

比较重要的补充光来自天然漫反射，这种类型的灯光通常称为环境光。这种类型的光线的重要性在于它提高了整个场景的亮度。大多数渲染器都有提供环境光的工具，但一般会统一地应用于整个场景，不能对照亮的物体上的任何光亮和阴影进行造型，这会使场景看起来不逼真。

模拟环境光更好的方法是，在场景中把低强度的聚光灯或泛光灯放置在合理的位置上。这种类型辅助光的放置位置取决于是否能减少阴影区域，并向不能被关键光直接照射的下边和角落补充一些光线。

除了场景中的天然散射光或者环境光之外，补充光用来照亮太暗的区域或者强调场景的一些部位。它们可以放置在关键光相对的位置，用以柔化阴影。

【背景光】：背景光的作用是产生"边缘光"，通过照亮对象的边缘将目标对象从背景中分开。它经常放置在关键光的正对面，它会在物体的边缘产生很小的反射高光区。

【其他类型的光源】：在场景中实际出现的照明来源，如台灯、汽车前灯、闪电和野外燃烧的火焰等，都是潜在的光源，与以上三种光源配合来产生更真实的场景渲染效果。对于这些光源，如果对场景内的其他物体没有实际的影响，有时可以不使用实际光源，直接用贴图的方式来创建。例如：一栋大楼里面某个窗户里的亮光。

9.1.3 光源的属性

【光源强度】：光源的强度是光源的最基本属性，它决定了光源照亮物体的程度。如图9-1所示。

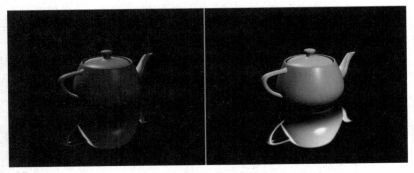

图9-1 光源的强度

【入射角】：曲面法线相对于光源的角度称为入射角。曲面与光源倾斜得越多，曲面接收到的光越少并且看上去越暗。当入射角为 0°（也就是说，光源与曲面垂直）时，曲面由光源的全部强度照亮。随着入射角的增加，照明的强度减小。如图9-2所示，圆柱体上由于各个面与光线的入射角不一样，所以照明强度也不一样。

【衰减】：在现实世界中，灯光的强度将随着距离的加长而减弱。远离光源的对象看起来更暗；距离光源较近的对象看起来更亮。这种效果称为衰减。在 3ds Max 中，可以直接设定衰减结束的位置，如图9-3所示，衰减结束的位置被设定在了字母C跟D之间。

 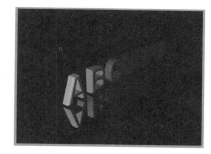

图9-2　入射角　　　　　　　　　　　　图9-3　衰减

【光源的颜色】：光源的颜色也是光源的最基本属性之一。在现实世界中，不同的光源拥有不同的颜色。例如，灯泡发出橘黄色的灯光，白炽灯为浅蓝色灯光，太阳光为浅黄色。因此在设置灯光时也要注意避免使用默认的纯白色，才能使场景更为真实。

此外，不同的色调能带来完全不同的视觉感受，如图9-4所示。图9-4（a）的灯光使用了冷色调，图9-4（b）使用了暖色调，显然图9-4（b）所表达出的观感与陶瓷茶壶这个物体更统一。

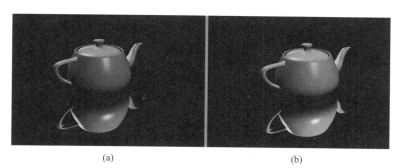

(a)　　　　　　　　　　　　(b)

图9-4　光源的颜色

9.2　标准灯光

3ds Max 的光源分为标准灯光和光度学灯光。标准灯光可以模拟自然界中的各种光源，例如，家用或办公室灯、舞台和电影工作时使用的灯光设备以及太阳光等。标准灯光的设定比较单纯，初学者比较容易上手，而使用光度学灯光则可模拟更真实的光照效果。

在 3ds Max 界面右方工具栏的【创建】面板内选择【灯光】分栏可进入灯光创建面板，下拉菜单内可切换【标准】和【光度学】两种灯光类型的创建面板。如图9-5所示。

图9-5　灯光创建面板

在未建立任何灯光之前，3ds Max会提供预设的光源给予场景基本的照明效果，由于预设光源无方向性，物体看起来立体感不强。加入灯光时，预设光源将会自动关闭，感觉上场景的亮度降低，实际是因为预设光源关闭的关系。

在3ds Max内，所有灯光对象都有些共有的参数，对应9.1.3节所描述的光源属性，如图9-6所示，每一项的说明描述如下。

"常规参数"卷栏

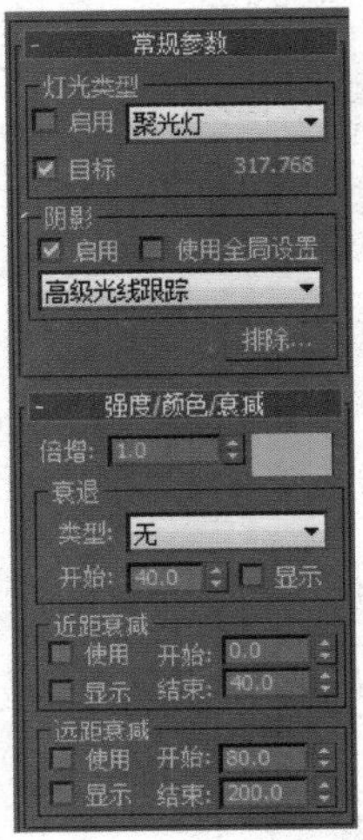

【"灯光类型"组——启用】：启用和禁用灯光。当"启用"选项处于启用状态时，使用灯光着色和渲染以照亮场景。当"启用"选项处于禁用状态时，进行着色或渲染时不使用该灯光。默认设置为启用。

【"灯光类型"组——灯光类型列表】：更改灯光的类型。如果选中标准灯光类型，可以将灯光更改为泛光灯、聚光灯或平行光。如果选中光度学灯光，可以将灯光更改为点光源、线光源或区域灯光。

【"灯光类型"组——目标】：启用该选项后，灯光将成为目标，例如自由聚光灯和目标聚光灯可以通过该选项互相切换。灯光与其目标之间的距离显示在复选框的下方。

【"阴影"组——启用】：决定当前灯光是否投影阴影。默认设置为启用。下拉列表的条目决定渲染器是否使用阴影贴图、光线跟踪阴影、高级光线跟踪阴影或区域阴影生成该灯光的阴影。

【"阴影"组——使用全局设置】：当启用"使用全局设置"后，切换阴影参数显示全局设置的内容。该数据由此类别的其他每个灯光共

图9-6 灯光常用参数

享。当禁用"使用全局设置"后，阴影参数将针对特定灯光。

【"阴影"组——排除】：将选定对象排除于灯光效果之外。单击此按钮可以显示"排除/包含"对话框。排除的对象仍在着色视口中被照亮。只有当渲染场景时排除才起作用。

"强度/颜色/衰减"卷栏

【倍增】：将灯光的功率放大一个正或负的量。例如，如果将倍增设置为2，灯光将亮两倍。负值可以减去灯光，这对于在场景中有选择地放置黑暗区域非常有用。默认设置为1.0。高"倍增"值会冲蚀颜色。例如，如果将聚光灯设置为红色，之后将其"倍增"增加到10，则在聚光区中的灯光为白色并且只有在衰减区域的灯光为红色。负的"倍增"值导致"黑色灯光"。即灯光使对象变暗而不是使对象变亮。

【颜色样例】：显示灯光的颜色。单击色样将显示颜色选择器，用于选择灯光的颜色。

【"衰退"组——类型】："衰退"是使远处灯光强度减小的另一种方法。选择要使用的衰退类型：无——不应用衰退；倒数——应用反向衰退。平方反比——应用平方反比衰退，实际上这是灯光的"真实"衰退。

【"衰退"组——开始】：决定衰退开始的点。

【"衰退"组——显示】：是否在视口内显示衰减区域提示图案。

【"近距衰减"组——开始】：设置灯光开始淡入的距离。

【"近距衰减"组——结束】：设置灯光达到其全值的距离。

【"近距衰减"组——使用】：启用灯光的近距衰减。

【"近距衰减"组——显示】：在视口中显示近距衰减范围设置。

【"远距衰减"组——开始】：设置灯光开始淡出的距离。

【"远距衰减"组——结束】：设置灯光减为 0 的距离。

【"远距衰减"组——使用】：启用灯光的远距衰减。

【"远距衰减"组——显示】：在视口中显示远距衰减范围设置。

注意：设置远距衰减范围可有助于大大缩短渲染时间。

此外，对于灯光对象除了常规的选中、移动、旋转和缩放操作外，可以进行滚动角度控制。滚动角度控制按钮（）在上方工具栏中部，选中之后，可以对灯光轴向的旋转角度进行控制。如果灯光不是投影一个圆形光束，或如果它是一个投影灯，该选项非常有用。

9.2.1 目标聚光灯与自由聚光灯

聚光灯是从一个点投射聚焦的光束，在系统默认的状态下光束呈锥形，这种光源通常用来模拟舞台的灯光或者是马路上的路灯照射效果。

【目标聚光灯】包含目标和光源两部分，通过设定这两个对象来调整灯光入射的角度。

【自由聚光灯】与目标聚光灯不同，没有目标对象，只能通过移动和旋转自由聚光灯以使其指向所需的地方。

聚光灯效果如图9-7所示。

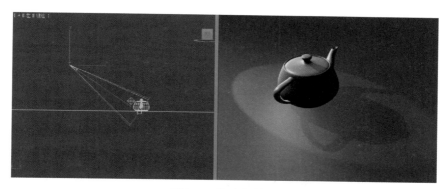

图9-7　聚光灯效果

"聚光灯参数"卷栏内主要有以下参数。

【显示圆锥体】：启用或禁用圆锥体的显示。

【泛光化】：启用泛光化后，灯光在所有方向上投影灯光。但是，投影和阴影只发生在其衰减圆锥体内。

【聚光区/光束】：调整灯光圆锥体的角度。聚光区值以度为单位进行测量。默认设置为43.0。

【衰减区/区域】：调整灯光衰减区的角度。衰减区值以度为单位进行测量。默认设置为45.0。

【圆形/矩形】：确定聚光区和衰减区的形状。如果想要一个标准圆形的灯光，应设置为"圆形"。如果想要一个矩形的光束（如灯光通过窗户或门口投影），应设置为"矩形"。

【纵横比】：设置矩形光束的纵横比。使用"位图适配"按钮可以使纵横比匹配特定的位图。默认设置为1.0。

【位图拟合】：如果灯光的投影纵横比为矩形，应设置纵横比以匹配特定的位图。当灯光用作投影灯时，该选项非常有用。

灯光的目标距离不会影响灯光的衰减或亮度。

由于目标聚光灯的目标对象通常与要照亮的对象在相同区域里，单击很难进行选择。以下两种方法可以解决这个问题：

① 右键单击灯光，然后从四元菜单的左上方区域中选择"选择目标"，可选中目标对象。

② 使用灯光视口的方式来调整聚光灯。单击视口来观察点标签，选择【灯光】—【场景中灯光的名称】（快捷键【＄】），切换到灯光视口，此时可以通过平移旋转视口的方式来调整灯光。

以下目标平行光的情况类似。

9.2.2 目标平行光与自由平行光

平行光其照射范围呈圆形和矩形，光线平行发射。这种灯光通常用于模拟太阳光在地球表面上投射的效果。

【目标平行光】与目标聚光灯类似，包含目标和光源两部分，通过设定这两个对象来调整灯光入射的角度。

【自由平行光】则与自由聚光灯类似，没有目标对象，只能通过移动和旋转自由平行光以使其指向所需的方向。

平行光效果如图9-8所示。

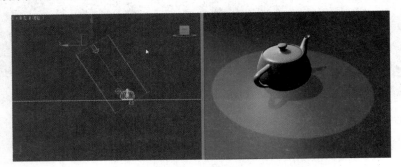

图9-8　平行光效果

"平行光参数"卷栏内主要有如下参数。

【显示圆锥体】：启用或禁用圆锥体的显示。

【泛光化】：当设置泛光化时，灯光将在各个方向投影灯光。但是，投影和阴影只发生在其衰减圆锥体内。

【聚光区/光束】：调整灯光圆锥体的大小。聚光区值使用 3ds Max 单位进行测量。默认设置为43.0。

【衰减区/区域】：调整灯光衰减区的大小。衰减区值使用 3ds Max 单位进行测量。默认设置为45.0。

【圆形/矩形】：确定聚光区和衰减区的形状。如果想要一个标准圆形的灯光，应设置为

"圆形"。如果想要一个矩形的光束（如灯光通过窗户或门口投影），应设置为"矩形"。

【纵横比】：设置矩形光束的纵横比。使用"位图适配"按钮可以使纵横比匹配特定的位图。默认设置为 1.0。

【位图拟合】：如果灯光的投影纵横比为矩形，应设置纵横比以匹配特定的位图。当灯光用作投影灯时，该选项非常有用。

9.2.3 泛光灯

泛光灯是从单个光源向各个方向投射光线，一般情况下泛光灯用于将辅助照明添加到场景中。这种类型的光源常用于模拟灯泡和荧光棒等效果，如图9-9所示。

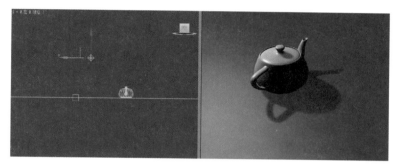

图9-9　泛光灯效果

9.2.4 天光

天光可以将光线均匀地分布在对象的表面，并与光跟踪器渲染方式一起使用，从而模拟真实的自然光效果，如图9-10所示。

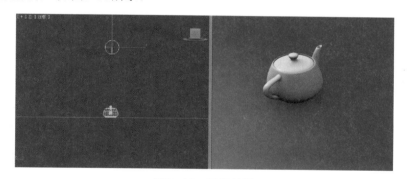

图9-10　天光效果

"天光参数"卷栏内主要有如下参数。

【启用】：启用和禁用灯光。

【倍增】：将灯光的功率放大一个正或负的量。例如，如果将倍增设置为2，灯光将亮两倍。默认设置为1.0。

【"天空颜色"组——使用场景环境】：使用"环境"面板上的环境设置的灯光颜色。如光线跟踪不处于活动状态，该设置无效。

【"天空颜色"组——天空颜色】：单击色样可显示颜色选择器，并选择为天光染色。

【"天空颜色"组——贴图控件】：可以使用贴图影响天光颜色。该按钮指定贴图，切换设置贴图是否处于激活状态，并且微调器设置要使用的贴图的百分比。如光线跟踪不处于活动状态，该设置无效。

【"渲染"组——投射阴影】使天光投影阴影。默认设置为禁用状态。如"光跟踪器"处于激活状态，该控件不可用。

【"渲染"组——每采样光线数】：用于计算落在场景中指定点上天光的光线数。对于动画，将该选项设置为较高的值（30左右）可消除闪烁。

【"渲染"组——光线偏移】：对象可以在场景中指定点上投影阴影的最短距离。将该值设置为0可以使该点在自身上投射阴影，而将该值设置为大的值可以防止点附近的对象在该点上投影阴影。

9.2.5 mr 区域泛光灯

当使用 mental ray（缩写为mr）渲染器渲染场景时，区域泛光灯从球体或圆柱体体积发射光线，而不是从点源发射光线。使用默认的扫描线渲染器，区域泛光灯像其他标准的泛光灯一样发射光线。

"区域参数"卷栏内主要有如下参数。

【启用】：启用和禁用区域灯光。

【在渲染器中显示图标】：当启用此选项后，mental ray渲染器将渲染灯光位置的黑色形状。禁用此选项之后，区域灯光不渲染。默认设置为禁用状态。

【类型】：更改区域灯光的形状。对于球形体积灯光而言可以是"球体"，而对于圆柱形体积灯光而言则是"圆柱体"。默认设置为"球体"。

【半径】：以 3ds Max 为单位设置球体或圆柱体的半径。默认值为20.0。

【高度】：仅在"圆柱体"是区域灯光的活动类型时，此选项才可用。以3ds Max 单位设置圆柱体的高度。默认值为20.0。

【"采样"组——U 向和V向】：调整区域灯光投影的阴影的质量。这些值将指定灯光区域中使用的采样数。值越高可以改善质量，但是以渲染时间为代价。对于球形灯光，U将沿着半径指定细分数，而V将指定角度细分数。对于圆柱形灯光，U将沿高度指定采样细分数，而V将指定角度细分数。U和V的默认设置为5。

9.2.6 mr区域聚光灯

当使用mental ray渲染器渲染场景时，区域聚光灯从矩形或碟形区域发射光线，而不是从点源发射光线。使用默认的扫描线渲染器，区域聚光灯像其他标准的聚光灯一样发射光线。

"区域参数"卷栏内主要有如下参数。

【启用】：启用和禁用区域灯光。

【在渲染器中显示图标】：当启用此选项后，mental ray 渲染器将渲染灯光位置的黑色形状。禁用此选项之后，区域灯光不渲染。默认设置为禁用状态。

【类型】：更改区域灯光的形状。对于矩形区域灯光而言可以是"矩形"，而对于圆形区域灯光而言则是"碟形"。默认设置为"矩形"。

【半径】：仅在"碟形"是区域灯光的活动类型时，此选项才可用。以 3ds Max 为单位设置圆形灯光区域的半径。默认值为20.0。

【高度和宽度】：仅在"矩形"是区域灯光的活动类型时，此选项才可用。以 3ds Max 为单位设置矩形灯光区域的高度和宽度。高度和宽度的默认设置为20.0。

【"采样"组——U 向和 V 向】：调整区域灯光投影的阴影的质量。这些值将指定灯光区域中使用的采样数。值越高可以改善质量，但是以渲染时间为代价。对于矩形灯光，U 以一个局部维度为单位指定采样细分数，而 V 以其他局部维度为单位指定细分数。对于圆形（碟形）灯光，U 将沿着半径指定细分数，而 V 将指定角度细分数。U 和 V 的默认设置为 5。

9.3 大气环境

在"环境和效果"对话框中可以给场景添加大气效果，3ds Max 提供了"火效果""雾""体积雾"以及"体积光"4 种大气效果，用来模拟不同的自然环境。添加的大气效果需要被绑定到"大气装置"上才能产生效果。

在使用大气效果前，需要在场景中创建"大气装置"，用户可以通过设置"大气装置"的属性来控制大气效果。本节将主要介绍 3ds Max 所提供的各种大气效果，向读者介绍这些大气效果的使用方法以及它们所产生的效果。

9.3.1 火效果

（1）打开配套光盘中第 9 章的"火柴"模型，用于给火柴模型增加火焰效果。如图 9-11 所示。

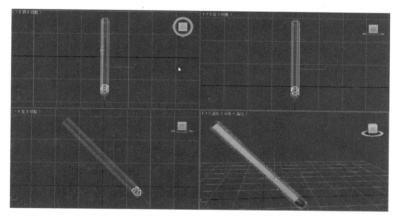

图 9-11 打开火柴模型

（2）创建球体大气装置辅助对象。点击【创建】—【辅助对象】—【大气装置】—【球体 Gizmo】，在火柴头的位置创建一个辅助对象，并且设置为"半球"。如图 9-12 所示。

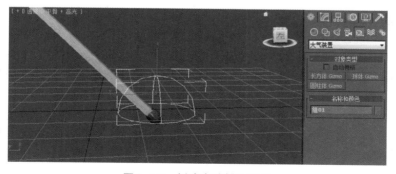

图 9-12 创建半球辅助对象

（3）使用拉伸工具，调整半球辅助对象如图9-13所示。

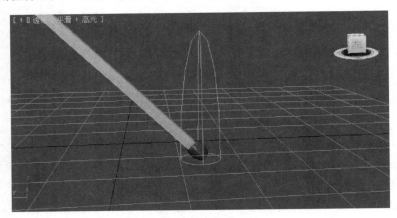

图9-13　调整辅助对象

（4）切换到【修改】面板，在"大气和效果"卷栏内点击【添加】按钮。在弹出的"添加大气"对话框内选择"火效果"，然后点击确定按钮，如图9-14所示。

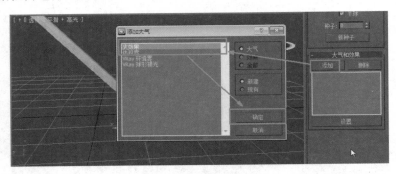

图9-14　添加火效果

（5）选中新添加的火效果选项，点击【设置】按钮，弹出设置对话框，在"火效果参数"卷栏内，按如图9-15所示设置参数。

（6）设置完成之后，进行渲染查看效果，如图9-16所示。如果效果不理想可以点击该辅助对象的修改面板内的【新种子】按钮，可以产生不同的火焰形状。

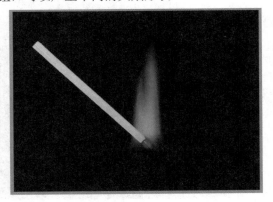

图9-15　设置火效果参数　　　　图9-16　火效果

9.3.2 雾

（1）打开配套光盘中第9章的"山体"模型，用于给山体模型增加雾效果。如图9-17所示。

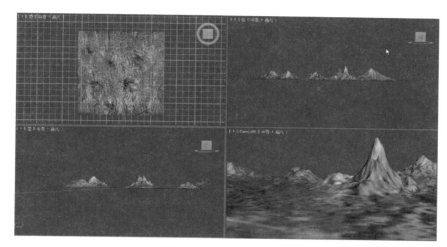

图9-17 打开山体模型

（2）按键盘【8】快捷键，打开"环境和效果"设置对话框，在"大气"卷栏下点击【添加】按钮，在弹出的列表内选择【雾】选项，点击确定。如图9-18所示。

（3）在"雾参数"卷栏内，调整远端值为50%，如图9-19所示。

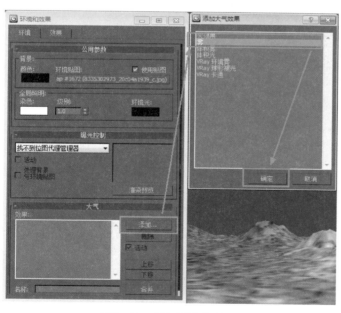

图9-18 添加雾大气效果

图9-19 修改雾参数

（4）选中摄像机，切换到【修改】工具栏，修改"参数"卷栏内的"环境范围"组，设置"近距范围"为500，远距范围为1000。如图9-20所示。

（5）设置好之后，渲染查看效果。如图9-21所示。

图9-20　调整摄像机参数

图9-21　雾渲染效果

9.3.3　体积雾

　　继续使用这个山体案例来学习如何创建体积雾，打开配套光盘中第9章"山体-雾"模型，为主峰增加云雾环绕的效果。

　　（1）使用如9.3.1案例中类似的方法，在主峰周围添加一个球形大气装置辅助对象。如图9-22所示。

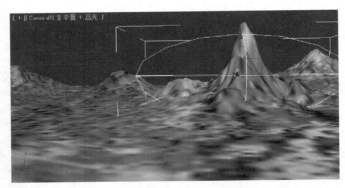

图9-22　创建球形大气装置辅助对象

　　（2）为新建的辅助对象添加"体积雾"。如图9-23所示。

　　（3）设置体积雾参数，把【最大步数】设为150。如图9-24所示。

　　（4）设置好之后，渲染查看效果，如图9-25所示。

9.3.4　体积光

　　继续使用这个山体案例来学习如何创建体积光，打开配套光盘中第9章"山体-体积雾"模型，为前边的平原增加光线穿射云层的效果。

　　（1）添加一盏目标聚光灯，位置以及参数如图9-26所示。把聚光区域调小一点以便产生体积光的时候可以观察得到，增加倍增以便在平原上增强投射效果。

　　（2）为聚光灯增加体积光大气效果，如图9-27所示。

　　（3）调整体积光参数，如图9-28所示。

　　（4）设置好之后，渲染查看效果，如图9-29所示。

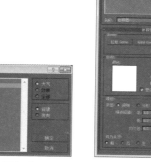

图9-23　添加体积雾

图9-24　设置体积雾参数

图9-25　体积雾渲染效果

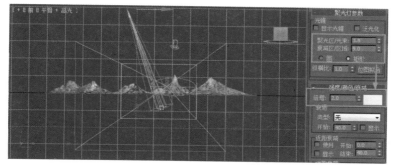

图9-26　添加聚光灯

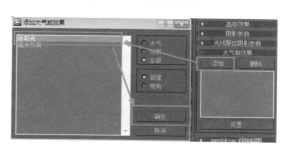

图9-27　增加体积光大气效果

图9-28　调整体积光参数

图9-29　体积光渲染效果

9.4 摄像机

摄像机的作用是从特定的观察点表现场景。3ds Max中的摄像机对象可以模拟现实世界中的静止图像、运动图片或视频摄像机，也可以设置多个摄像机，提供相同场景的不同视角。3ds Max中有两种摄像机对象：目标摄像机和自由摄像机。

9.4.1 目标摄像机与自由摄像机

3ds Max中的摄像机对象就像一个真正的摄像机，它能够被推拉、倾斜及自由移动。与灯光对象类似，目标摄像机与自由摄像机的功能基本一致，区别在于目标摄像机多了一个目标点对象，可直接定义摄像头的朝向。另外，目标点还有另外一个用途，它可以决定目标距离。

点击右边工具栏的【创建】—【摄像机】—【标准】—【目标】/【自由】按钮，然后在视图内可拖动创建出新的摄像机，如图9-30所示。另外，还可以从视图直接创建摄像机，通过视图创建的摄像机，其视野与活动的透视视口相匹配。具体步骤如下：

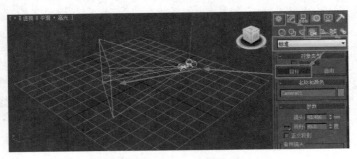

图9-30　创建摄像机

（1）激活透视图，调整透视图的视角到合适。

（2）按键盘上的【Ctrl+C】键或者执行菜单栏中的【视图】—【从视图创建摄像机】命令，即可以当前透视图的视角创建摄像机，并切换为摄像机视图，同时创建的摄像机处于选择状态。

（3）可在摄像机视图内进行视图平移、滚动等操作，相应地摄像机也会做相应的调整。

如图9-31所示，摄像机"参数"卷栏主要有以下参数：

【镜头】：用于设置摄像机的焦距。

【视野】：用于设置摄像机查看区域的宽度视野。有水平、垂直和对角线三种方式。

【正交投影】：切换摄像机视图的显示模式——正交视图或透视图。

【备用镜头】：3ds Max预置了15mm，20mm，24mm，…，200mm等摄像头，点击之后可使摄像机参数自动调整为对应的摄像头。

【类型】：切换"目标摄像机"和"自由摄像机"。

【显示圆锥体】：显示摄像机视野定义的锥形光线。

【显示地平线】：在摄像机视图中显示地平线。

图9-31　摄像机参数

【显示】：用于设置显示摄像机锥形光线内的显示矩形。

【近距/远距范围】：设置大气效果的近距范围和远距范围。

【手动剪切】：启用该选项可定义剪切平面。

【近距/远距剪切】：设定近距和远距平面。

【多过程效果】：该组参数主要用于设置摄影机的景深和运动模糊效果。

【启用】：激活之后可预览渲染效果。

【多过程效果类型】：设置多过程效果的类型，包括："景深（mental ray）""景深"和"运动模糊"。

【目标距离】：用于设置摄像机与目标之间的距离。

9.4.2 镜头设置及布光练习

要渲染出好的三维效果图，需要灯光和镜头同时配合，本小节的实例将带领读者对灯光及镜头的分布和设置进行训练。

（1）打开配套光盘中第9章的"一组火柴"模型，用于给火柴模型增加灯光和摄像机。如图9-32所示。

（2）此时场景内物体的贴图等都已经设置好，但没有设置灯光，场景内使用的是默认灯光；也没有设置摄像机，在透视图内摆好了位置，但是渲染的时候仍然会看到桌面外的场景。渲染效果并不理想，如图9-33所示。

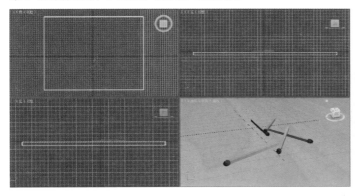

图9-32　打开一组火柴模型　　　　　　　　图9-33　原始渲染效果

（3）选中透视视口，按快捷键【Ctrl+C】，以当前视图为基础创建一个目标摄像机，可以看到透视视口变成了摄像机视口。调整摄像机目标对象到火柴堆中心的位置，如图9-34所示。

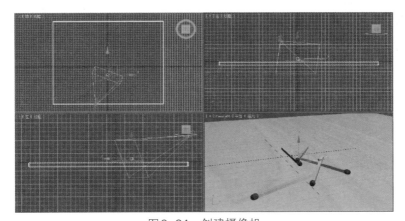

图9-34　创建摄像机

（4）此时摄像机可以观察到的区域仍然偏大，可以通过设置渲染范围的方式加以调整。点击【渲染帧窗口】（ ）按钮，在弹出的渲染对话框内选择"要渲染的区域"为"放大"，然后在视口区域内框出需要渲染的范围。如图9-35所示。

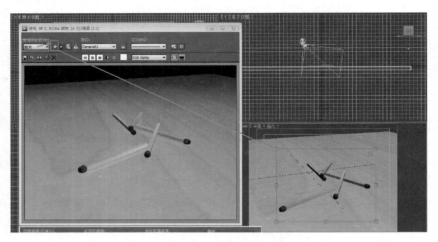

图9-35　设置渲染区域

（5）接下来使用三点照明法来设置灯光，即添加主光源、辅光源和背光源三个点。首先添加主光源，在如图9-36所示的位置添加一盏目标聚光灯。并设置颜色为淡黄色，打开阴影效果，倍增设为1.2（本书所提供灯光参数值仅供参考，读者可根据实际渲染情况进行调整，下同）。

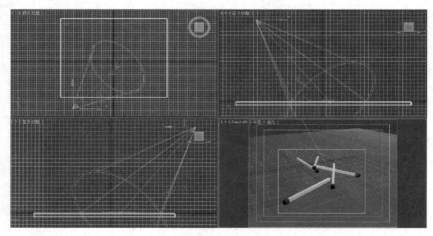

图9-36　添加主光源

（6）继续添加一盏目标聚光灯作为辅光源，位置如图9-37所示。设置颜色为黄色，倍增设为0.8。注意辅光源不必打开阴影。

（7）继续添加一盏泛光灯作为背光源，位置如图9-38所示。颜色设为黄色，倍增设为0.3，同样无需打开阴影效果。

（8）由于本案例使用的是结构相对简单的火柴，基本上2～3盏灯就够了。在实际工作当中，可根据模型的情况继续添加其他辅助灯光，主要目的是把模型的细节表现出来。本案例的火柴组渲染效果如图9-39所示。

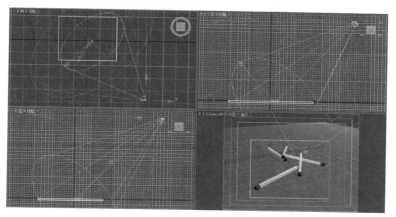

图9-37　添加辅光源

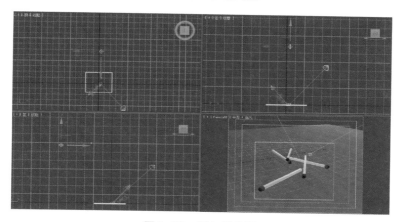

图9-38　添加背光源

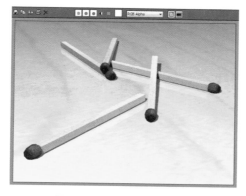

图9-39　火柴组渲染效果

9.4.3　景深效果

在3ds Max中为摄像机开启【多过程效果】，并选定【景深】选项，就会出现"景深参数"卷栏，其中包括了控制"景深"变化效果的设置。

【焦距深度】："使用目标距离"表示使用目标对象的距离作为聚焦点。所有近于或者远于这个位置的场景对象都在某种程度上有些模糊，模糊程度取决于距离焦点的远近。

【采样——显示过程】：启用此选项后，渲染帧窗口显示多个渲染通道。禁用此选项后，该帧窗口只显示最终结果。

【采样——使用初始位置】：启用此选项后，第一个渲染过程位于摄影机的初始位置。禁用此选项后，与所有随后的过程一样偏移第一个渲染过程。

【采样——过程总数】：用于生成效果的过程数。增加此值可以增加效果的精确性，但却以渲染时间为代价。默认设置为12。

【采样——采样半径】：通过移动场景生成模糊的半径。增加该值将增加整体模糊效果。减小该值将减少模糊。默认设置为1.0。

【采样——采样偏移】：模糊靠近或远离"采样半径"的权重。增加该值将增加景深模糊的数量级，提供更均匀的效果。减小该值将减小数量级，提供更随机的效果。范围可以从0.0至1.0。默认值为0.5。

【过程混合——规格化权重】：使用随机权重混合的过程可以避免出现诸如条纹这些人工效果。当启用"规格化权重"后，将权重规格化，会获得较平滑的结果。当禁用此选项后，效果会变得清晰一些，但通常颗粒状效果更明显。默认设置为启用。

【过程混合——抖动强度】：控制应用于渲染通道的抖动程度。增加此值会增加抖动量，并且生成颗粒状效果，尤其在对象的边缘上。默认值为0.4。

图9-40 景深渲染效果

【过程混合——平铺大小】：设置抖动时图案的大小。此值是一个百分比，0 是最小的平铺，100 是最大的平铺。默认设置为32。

在9.4.2节的案例中启用景深效果。如果使用mental ray渲染器，则选择"mental ray景深"，设置"f制光圈"为0.3；如果使用默认线扫描渲染器，则选择"景深"，并设置过程总数12，采样半径2，采样偏移0.2，抖动强度1.22。渲染效果如图9-40所示，使用适当的景深，可令渲染效果更真实（景深是以摄像机目标对象为焦点进行运算的）。

本章小结

本章主要讲述了如何利用灯光和摄像机的设置来提高渲染图的质感。

课后练习

1. 自建一个场景进行布光练习。
2. 制作烟雾缭绕的海面场景。

第10章
动画的制作

10.1 动画的概念

动画基于称为视觉暂留现象的人类视觉原理：如果快速查看一系列相关的静态图像，那么人们会感觉到这是一个连续的运动。将每个单独图像称为一帧，产生的运动实际上源自人的视觉系统在每看到一帧后会在该帧停留一小段时间。

在 3ds Max 中，只需要创建记录每个动画序列的起始、结束和关键帧（在 Max 中这些关键帧称作 keys），关键帧之间的插值则会由 3D Studio Max 自动计算完成。3ds Max 可将场景中对象的任意参数进行动画记录，当对象的参数被确定后，就可通过 3D Studio Max 的渲染器完成每一帧的渲染工作，自动生成高质量的动画。

10.1.1 关键帧与时间

传统的动画方式以及早期的计算机动画将创建的工作严格锁定为帧数，这对使用单一格式和不需要限制动画时间是没有问题的。但是，动画出现了不同的格式，在这些格式中最常见的两种，电影使用 24FPS（frame persecond 每秒帧数）而视频（NTSC）使用 30FPS。

3D Studio Max 是一个以时间为基础的动画软件。Max 测量时间并按 1/4800 秒来存储动画值，根据工作的不同可选择不同的方式显示时间，包括对传统的帧数进行使用。在下面章节中将有很多例子都遵循传统采用帧数显示时间。但 3D Studio Max 是一个以精确时间为基础的动画方式，帧只有在渲染输出时才产生。

10.1.2 动画控制

在 3D Studio Max 中可以使用以下工具对动画进行控制，如图 10-1 所示。

【轨迹视图】：在一个浮动窗口中提供细致调整动画的工具。在这个视窗中可对物体的动画轨迹进行编辑、修改、设定。

【运动面板】：此面板被放置在命令面板区，通过使用这一命令面板可以调整变换控制器影响动画的位置、旋转和变比。

【层级面板】：使用此面板可调整两个或多个链接对象的所有控制参数。可以对对象的轴点、反向动力、链接关系进行设定。

【时间滑块】：用来控制场景中当前时间位置，是在设定对象关键帧时的时间依据。

【动画锁定】：用来对场景对象的关键帧参数进行锁定记录的工具。

【时间配置】：用来对场景中的时间长度及时间范围进行设定的工具。

图 10-1　动画控制面板

10.2　关键帧动画

关键帧动画即用户只需用关键帧记录场景中任何元素的动画过渡点，由 3ds Max 自动插补其余的帧，从而形成连续的动画。

10.2.1　旋转轮胎

（1）打开配套光盘第 10 章中的"车轮"模型，如图 10-2 所示。

图 10-2　打开轮胎模型

（2）保持帧滑块在第 0 帧的位置，点击【自动关键点】按钮（此时激活视口会变成红色），点击【钥匙】（✑）按钮，把第 0 帧打上一个关键帧。如图 10-3 所示。

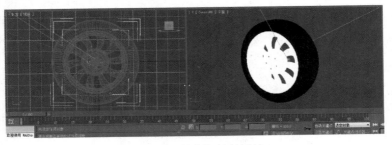

图 10-3　设定起始关键帧

（3）把帧滑块移动到最后的第100帧，把轮子围绕X轴旋转一定的角度，此时第100帧上会自动打上关键帧，记录轮子旋转角度之后的状态。如图10-4所示。

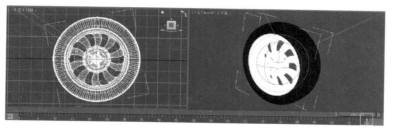

图10-4 旋转角度

注：如果自动关键帧没有自动记录状态的变换，可以手动点击钥匙按钮打上关键帧。

（4）这样动画就完成了，3ds Max会自动计算中间帧角度的变化，点击【播放】（▶）按钮可以看到车轮转动的效果。此时在渲染设置里面打开摄像机的"运动模糊"选项，并调整叠加的持续帧数为20帧，渲染之后得到效果如图10-5所示。

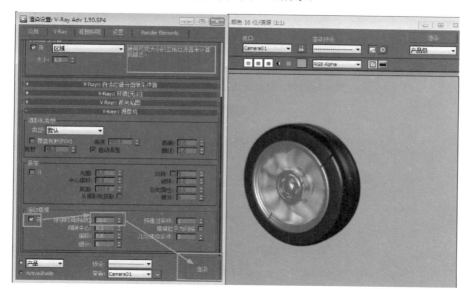

图10-5 运动模糊渲染

10.2.2 弹跳小球

在10.2.1节内，读者大概了解到了关键帧做动画的原理，但在实际应用中，如上例这样仅修改旋转参数是远远不够的。运动是否合理很大程度上会影响观众对动画质量的观感，所以运动的速度和方向都很重要。下面即用弹跳小球的案例讲解一下如何精确控制对象的运动。

（1）打开配套光盘第10章里面的"小球"模型，如图10-6所示。

（2）打开"自动关键点"，使其成为红色，并使小球处于选中状态，在第0帧的位置（此时小球处于Z轴为30的位置）手动打上一个关键帧，并把滑块移动到第100帧，把小球移动到平面的另一端，并向下移动到Z轴为0的位置。如图10-7所示。

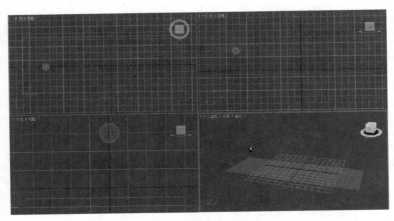

图10-6　打开小球模型

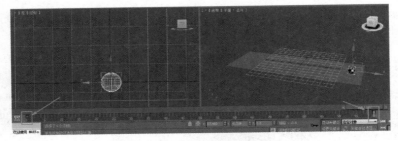

图10-7　创建开始和结束的关键点

　　（3）保持"自动关键点"处于开启状态，分别在30，60，80，90帧的位置上让小球Z轴为0，在45，70，85，95帧的位置上让效果Z轴分别为20，10，5，3。3ds Max 会自动记录这些位置变化，转化为一个关键帧。如图10-8所示。

图10-8　为小球打上关键帧

　　（4）关闭"自动关键点"，播放观察一下，会发现已经为关键位置做了设置，但是小球运动得并不自然。在上方工具栏内点击"曲线编辑器"（▣）按钮，打开轨迹视图如图10-9所示。在左边列表栏内选中"Z位置"，如图10-10所示。

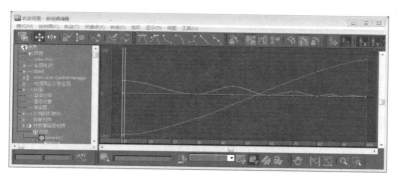

图 10-9　曲线编辑器

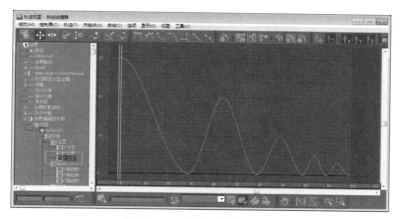

图 10-10　选中 Z 轴位置曲线

（5）按住【Shift】键，用鼠标拖动底部控制点的控制手柄，把曲线调整成如图10-11所示形式。

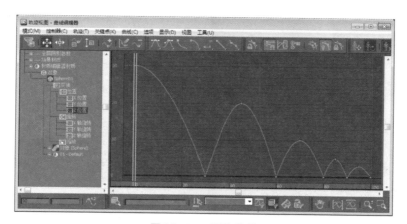

图 10-11　调整曲线

（6）此时播放动画，会发现小球运动得自然了很多。可以看出这里的曲线实际上就是运动参数变化的速度曲线。作为练习，用同样的原理，读者可为小球增加摩擦到桌面后的旋转效果。

10.3 路径约束动画

使用路径约束可让对象按指定的路径进行移动，可以绑定到一条样条线上，让其沿着样条线移动，或在多个样条线之间以平均间距进行移动。

地球公转动画

（1）打开配套光盘第10章里面的"地球公转"模型，如图10-12所示。

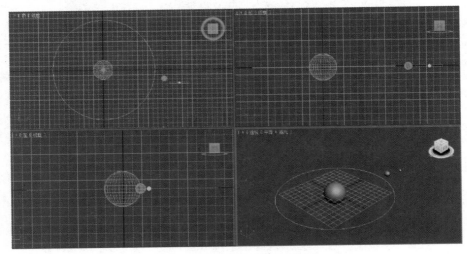

图10-12　打开地球公转模型

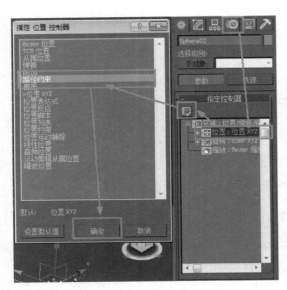

图10-13　添加路径约束控制

（2）添加"路径约束"控制器。选中蓝色球体，在右边工具栏切换到【运动】（◎）控制面板，然后在"指定控制器"卷栏内选择"位置"，然后再点击左上角的【指定控制器】按钮，在弹出的对话框内选择"路径约束"，点击确定。如图10-13所示。

（3）添加了"路径约束"控制器之后，会出现"路径参数"卷栏，点击【添加路径】按钮，选中圆圈样条线，小球会自动吸附到路径上，如图10-14所示。

（4）打开"自动关键点"按钮，在第0帧打上一个关键帧，然后把时间滑块滑到第50帧，设置右边"路径参数"卷栏内的"%沿路径"为100，然后在第100帧把这个参数设置为200。然后把"跟随"选项打上钩，这样小球会跟随路径进行摆动。如图10-15

所示关闭"自动关键帧"按钮，点击播放按钮，蓝色小球可沿轨迹圆绕两圈运动。

（5）接下来把卫星绑定到蓝色球上。使卫星对象处于选中状态，点击上方工具栏左方的【选择并链接】（🔗）按钮，然后用鼠标左键点击卫星对象拖动到蓝色球上，完成链接操作之后，还要再次点击【选择并链接】按钮，解除选中状态。如图10-16所示。

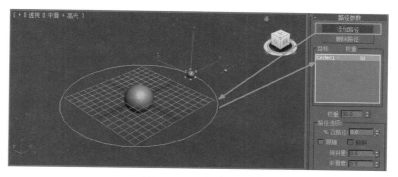

图 10-14　指定路径

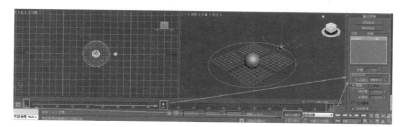

图 10-15　设定关键点

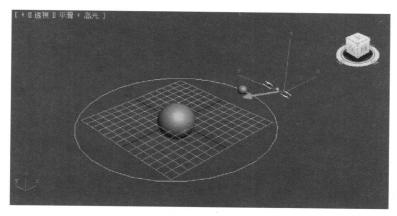

图 10-16　绑定卫星

　　物体与物体之间进行链接有从属关系。在本例当中从卫星向球体拖动，表示卫星从属于球体——在动画播放时卫星会跟随球体移动。

　　（6）此时点击播放按钮会发现卫星已经可以跟着地球运动。可以通过图解视图观察对象之间的层级关系，点击【图解视图】（）按钮，可打开图解视图。如图 10-17 所示，"Sphere02" 是蓝色球，"Box02" 是卫星，卫星从属于蓝色球。

　　（7）观察动画可以发现，卫星除了位置跟随球体运动之外，姿势也跟随球体，不太符合实际情况（在太空中由于没有外力作用，即使在快速运动，姿势也不会发生变化）。保持卫星选中状态，打开右边工具栏并切换到【层次】（）面板。在"继承"卷栏内，把"旋转"

的 Z 轴继承状态解除。如图 10-18 所示。

图 10-17　图解视图　　　　　　　　　　　　图 10-18　解除旋转继承

（8）此时播放动画可以发现，卫星仅位置跟随蓝色球，姿势不会发生改变了。

10.4　动力学动画

　　动力学动画指的是通过模拟对象的物理属性及其交互方式来创建动画的过程。通过设置重力、风力（带有湍流）、阻力、摩擦力、反弹力等参数，可以模拟出真实世界里面的物理运动的状态。还可以包含设置关键帧动画的对象（如抛出的球）与动力学动画的对象相互作用的情形。

10.4.1　球撞积木动画

　　（1）打开配套光盘第 10 章里面的"积木"模型，如图 10-19 所示。
　　（2）调出"reactor"（动力学）工具栏。右键点击上方工具栏空白位置，在弹出的上下文菜单内选择"reactor"，如图 10-20 所示。

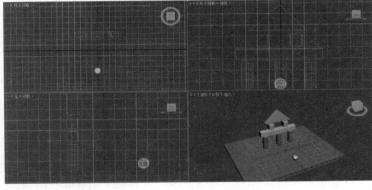

图 10-19　打开积木模型　　　　　　　　　　图 10-20　打开动力学工具栏

　　（3）停靠动力学工具栏到上方工具面板内，以便使用，如图 10-21 所示。

图 10-21　停靠动力学工具栏

（4）全选场景内所有物体，如图10-22（a）所示，点击【创建刚体集合】（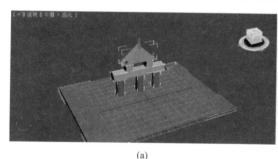）按钮，把物体指定为动力学刚体。指定完成后，场景内出现一个"刚体"标志，如图10-22（b）所示。

(a)

(b)

图10-22　指定物体为刚体

（5）选中所有积木对象，点击【属性编辑器】（　）按钮，在弹出的对话框内可以设置对应物体的质量、摩擦、弹力等系数。把积木设置为：质量10；摩擦0.3；弹力0.6。对地板的属性也做同样设置，但质量要设为0，使地板不受重力影响。如图10-23所示。

（6）点击【预览动画】（　）按钮，会弹出动画预览窗口，点击【P】键，可以控制动画播放和停止，如图10-24所示。

（7）在如图10-25所示位置添加一个小球。

图10-23　设置刚体属性

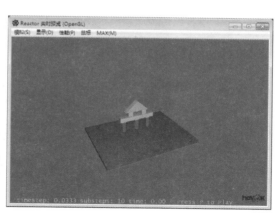

图10-24　动画预览窗口

图10-25　添加小球

（8）选中图中的刚体标志图标，切换到【修改】面板，在"刚体"集合属性内点击【拾取】，然后点一下小球，如图10-26所示。

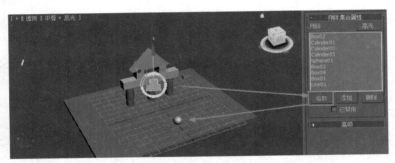

图 10-26　添加小球为刚体

（9）设置小球的刚体属性，把质量设为150，并勾选"不能弯曲"选项，如图10-27所示。

（10）如图10-28所示，在小球的第10帧位置，设置小球飞到积木的后方。

（11）打开预览窗口，点击播放，可以看到积木被小球撞飞的动画，如图10-29所示。

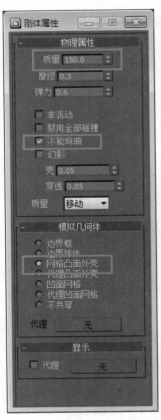

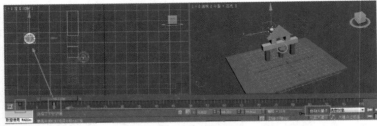

图 10-28　添加小球动画

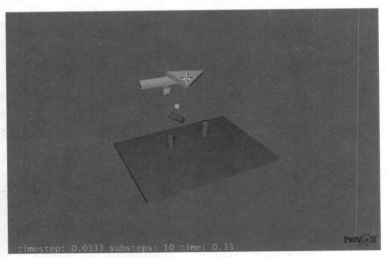

图 10-27　设置小球刚体属性

图 10-29　预览小球撞击动画

（12）动画预览觉得没有问题之后，可以把所有的运动创建到时间轴上，以便执行渲染或进一步的操作。把右边工具栏切换到【工具】面板，点击【reactor】按钮，然后点击【创建动画】按钮。在弹出的对话框内点击【确定】，稍等片刻即完成了把动画复制到时间轴上的操作，如图10-30所示。在这个面板内还可以设定动力学动画是从第几帧开始或结束的。

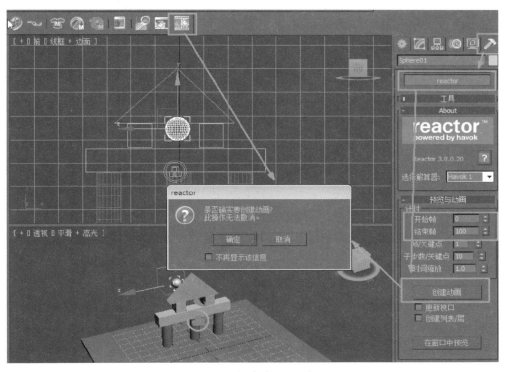

图 10-30　创建动画到时间轴

（13）此时点击右下角的播放按钮，可以看到场景内的积木已经赋予了动力学引擎计算出来的碰撞炸开的动画，如图 10-31 所示。

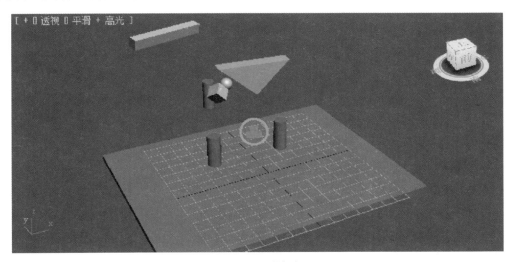

图 10-31　测试动画

10.4.2　窗帘飘动动画

（1）创建空白的 3ds Max 场景，在正视图创建一个平面，长、宽都是 150，长度分段和宽度分段都设为 16。如图 10-32 所示。

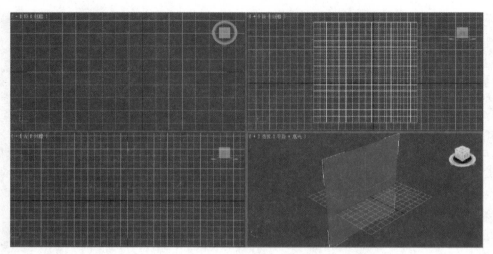

图 10-32　创建平面

（2）在 reactor 工具栏上点击【应用 cloth 修改器】（ ），为这个平面添加一个 cloth 修改器，如图 10-33 所示。

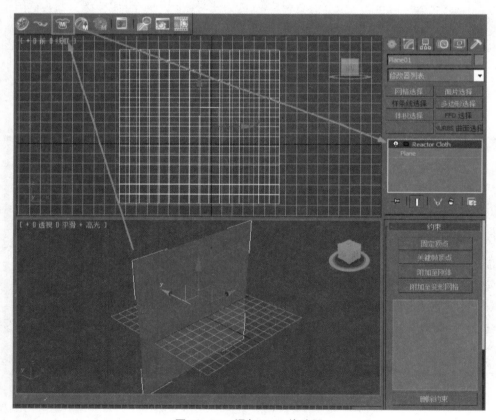

图 10-33　添加 cloth 修改器

（3）打开 cloth 修改器的子项——"顶点"，平面上会出现顶点。选择最上面的若干顶点，单击【固定顶点】按钮，使这些点成为软体的挂接点。如图 10-34 所示。

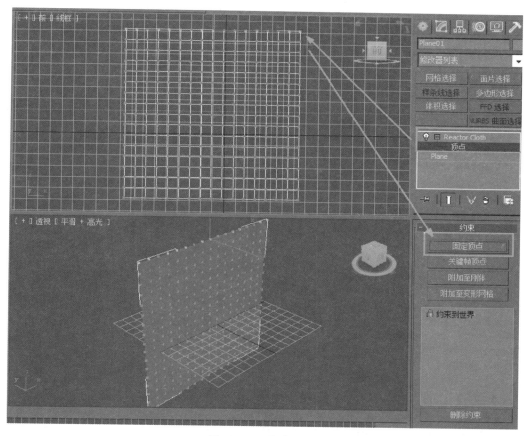

图 10-34　固定顶点

（4）点击 reactor 工具栏左方的【创建 cloth 集合】（🖼）按钮，把这个平面设定为软体。如图 10-35 所示。

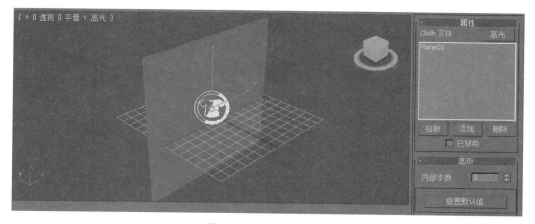

图 10-35　设定为软体

（5）点击 rector 工具栏的预览窗口，点击【P】查看一下效果。如图 10-36 所示，可以看到平面已经成为类似窗帘的状态。

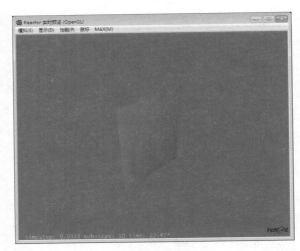

图 10-36　预览软体

（6）在右边工具栏内点击【创建】—【辅助对象】—【reactor】—【风】，在场景内如图10-37所示位置内加入一个风对象，调整姿势使其对着窗帘。另外激活"扰动速度"，使风速不均匀吹送，以更接近真实的情况。

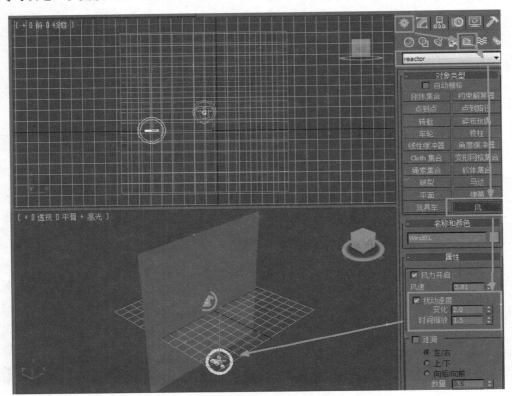

图 10-37　添加风对象

（7）打开预览窗口，可以看到窗帘有了风吹渲染效果，如图10-38所示。

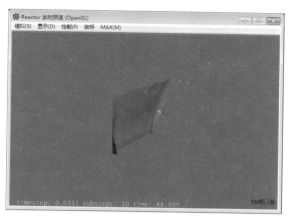

图 10-38　风吹渲染效果

（8）如 10.4.1 节的操作，点击【工具】—【reactor】—【创建动画】，把动力学运算出来的效果复制到时间轴上，如图 10-39 所示。

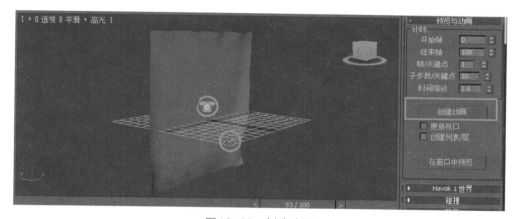

图 10-39　创建动画

动力学动画原理如这两个案例所示，读者可以自己通过练习发掘其他有趣的动力学对象。

本章小结

本章主要讲述了在 3ds Max 里面制作动画的基本原理和操作。

课后练习

1. 练习制作飞机升空动画。
2. 练习制作蝴蝶飞舞动画。
3. 练习制作打保龄球动画。

参考文献

［1］韩涌．3ds Max9超级手册．北京：北京希望电子出版社，2008．

［2］瞿颖健，曹茂鹏．3ds Max 2010完全自学手册．北京：人民邮电出版社，2010．

［3］火星时代．3ds Max 2011白金手册Ⅱ．北京：人民邮电出版社，2011．

［4］3ds Max 官网操作说明．http://www.autodesk.com/．